青少年探索世界丛书——

斑驳陆离的植物世界

主编 叶凡

合肥工业大学出版社

图书在版编目(CIP)数据

斑驳陆离的植物世界/叶凡主编. —合肥:合肥工业大学出版社,2012.12
(青少年探索世界丛书)
ISBN 978-7-5650-1167-2

Ⅰ.①斑… Ⅱ.①叶… Ⅲ.①植物—青年读物②植物—少年读物
Ⅳ.Q94-49

中国版本图书馆 CIP 数据核字(2013)第 005304 号

斑驳陆离的植物世界

叶　凡　主编　　　　　　　　　　责任编辑　郝共达

出　版	合肥工业大学出版社	开　本	710mm×1000mm　1/16	
地　址	合肥市屯溪路 193 号	印　张	12	
邮　编	230009	印　刷	合肥瑞丰印务有限公司	
版　次	2012 年 12 月第 1 版	印　次	2022 年 1 月第 2 次印刷	

ISBN 978-7-5650-1167-2　　　　　定价:45.00 元

目 录

原始农业的诞生/1
植物家族/6
植物群落的形成/10
原生裸地上植物群落/16
次生裸地上植物群落/20
荒漠植物/22
冻原植物/24
草原/26
盐碱地/29
热带雨林/32
气候的指示器/35
植物的组织/37
茎的力量/40
绿色加工厂/45
水的作用/49
土壤与植物/53
植物与太阳/57
植物与温度/60

植物与养分/64
植物的呼吸/69
植物的光合/73
植物的繁殖方式/77
植物为何开花/83
植物的花色/86
植物的花香/89
植物的花蜜/92
植物的形态/94
植物的性格/98
最轻的树木/102
杉树家族/104
仅存一株的植物/109
最硬的树木/111
最具毒性的植物/113
茶的发源地/115
能食动物的植物/118
三大毒品植物/120

荷花/124
人名药/126
虫草/128
什么是"蒙汗药"/130
蚂蚁与树木/131
汽水树/133
榴莲/135
捉猴果/137
无花果/138
火把果/140
同"居"一株/141
龟背竹/142
枇杷/144
红豆/146
果实、种子散布/149
植物能怀胎下崽吗/151
植物改变性别/153
老树干上也能开花结实/155
没有不落叶的树木/156
茅膏菜/157
跳舞草/159
植物防"身"术/160
独株植物/162

人工种子/164
植物"化学武器"/165
植物杀手/168
燕麦/170
风流草/172
含羞草/174
女儿树/177
古莲/178
树木的自卫能力/180
葵花/183
海水为什么会变红/185
植物寻找矿藏的功能/187

原始农业的诞生

我们赖以生存的地球,蕴藏着极为丰富的植物资源。在几百万年以前,我们的远古祖先就开始在这个"绿色"的星球上繁衍生息了。在漫长的发展过程中,他们逐渐对身边的植物了解、利用起来。

在相当长的一段时间里,我们的远祖主要是依靠采集植物的果实和种子以及捕鱼打猎来获得食物的。我国的科学家们生活在距今50万年的北京猿人的洞穴中,发现了许多石器和大量的朴树种子,这说明,北京猿人已经将朴树种子作为了食物,这是我们所知道的最早的采集植物的种子为食的证据之一。朴树又叫做黑弹树,至今在华北地区还有生长,这种植物的果实是小浆果,红色圆形,有一点酸甜味,在各种果实充斥的当今时代,这种小浆果早已经没有人愿意吃它了,但在远古时代,它却是人们非常喜欢和经常采集的果实之一。

采集植物作为食物看起来似乎好像很容易,但远古人类所面临的困难是我们今天所无法想像的。这不仅是因为他们所能利用的工具只有简单的石头和木棒,更困难的是,他们还要弄清哪些植物可以吃,哪些植物不可以吃,植物体的什么部位可以吃,什么部位不可以吃,那些可以食用的植物又生长在什么地方。在古时,我国就有"神农尝百草,一日而遇七十毒"的传说,反映出先人们为了弄清这些问题而付出的艰辛。现在我们知道,我国西南的特产——魔芋,其块根是有毒的,用与石灰同煮的方法就可以将毒去除,将它变成一种美味可口的食物;木薯的

根部富含淀粉，但它根部的皮层中却含有一种可以置人于死命的剧毒物质——氢氰酸，人们通过捣碎、压榨、煮熟等方法将毒汁清除后就可以食用了……这些方法在今天看来似乎很简单，但却是我们的祖先付出了无数艰辛和痛苦，有时甚至是以生命作为代价才得到的。与他们相比，我们现在的生活可以说是非常非常舒适了，所以我们应该珍惜无数代先辈们为我们积累的财富和文明。

正是寻求各种可食植物的努力，促使人类逐渐获得了对各种可食植物和许多不可食植物的种种经验和知识，慢慢地，随着人类植物学知识的不断积累，原始的农业诞生了。

人们普遍认为，原始农业起源于新石器时代，距今不过1万年的历史。从人类的整个历史来看，1万年前已经是距现代很近的事了。

人们当初是怎样开始驯化野生植物、学会栽培的呢？由于遗留下来的古代资料比较少，我们现在了解的还很不够，根据已有资料显示，原始人类进行植物驯化活动主要是从采集食用种子（包括植物的根茎等）开始的。在我国新石器时代的仰韶文化——西安半坡遗址中，还保存着原始的氏族社会采集经济的痕迹——人们在他们的居室内发现了陶罐盛装的粟粒，并且还有窖藏的粟堆。这清楚地证明，远在6000年以前，我们祖先的生活便离不开谷物了。

应该承认，人们通过播种和栽培植物来保证获得大量食物，是一项非常了不起的发明。在这以前，男人们是出去捕鱼打猎，以作为人们食物的来源。但是，仅仅靠渔猎获得食物并不是那么可靠的，为了不饿肚子，女人们就在居住点附近寻找一些可以充饥的东西作为补充。她们从草丛中搜集种子，从树上采集果实，还从土壤里挖掘可以吃的根、块茎和球茎等。有的时候，人们无意中掉在地上或者因吃不完而埋藏在土里的植物种子竟然发了芽，并在那里生长起来。后来，人们终于认识到：如

果把种子撒到土壤里，植物就能够发芽生长，还会产生更多的种子，这样就可以不必费很多时间跑很远的路去采集了。

经过了无数代人的观察和探索，人类关于植物种植的知识终于积累到了一个新的水平。大约在1万多年以前，人们便开始有意将一些植物的种子播撒在土壤里，让它们生长、开花、结果。结果发现，运用这种方法比到处寻找采集既方便、又可靠，于是就产生了"原始种植技术"。到新石器时代，人们终于将一些可供食用的野生植物，逐步驯化培育成为更符合人类要求的栽培植物，使野草慢慢变成了人们需要的作物，原始农业终于走上了历史的舞台。

原始的农业被称为"刀耕火种农业"，因为那时候人们赖以生产的工具主要是石器和火。人们用简陋的石斧之类的原始工具将树丛砍倒，把枝叶丢弃在地上晒干以后，连同地面的野草一并烧掉，然后在地面上撒上植物种子，或者用石锄、削尖的木棒之类的工具在地上挖坑播种，任其生长。作物成熟后，人们用石镰或蚌镰等工具割下谷穗，再用石磨或石碾加工成可口的食物。后来，人们又逐渐学会了制造和使用石耜和石犁等农具，并认识到经过人为耕锄的土地会明显改善作物的生长，增加收成，于是，原始农业就发展成为"耕锄农业"。

在植物中，最早受人们青睐的是一些籽粒好吃又容易保存的禾谷类植物的种子，其中粟就是最早被原始人类驯化的栽培植物之一，在河北省武安县磁山遗址上，考古学家发现了距今已经有7000多年的粟粒，除此之外，我国的考古学家还在江苏、江西、湖北、广东、安徽、河南、云南等地发现了碳化的稻谷，其年代距今都在4000~7000年之间。类似的发现在国外也有很多报道，可见，在六七千年以前，当时的人们对于这些禾谷类植物已经是非常熟悉了。

那么，是不是这些植物一开始就是非常适宜于种植呢？并不是，古人

早就注意到了这样一种现象：植物的开花结实期和种子成熟期是不一致的，有些种子还要通过休眠才能够发芽，而且种子发芽也都不是很整齐的，这就是野生植物的"野性"。野生植物的这种"野性"是长期适应自然进化的结果，是野生植物争取在自然界中生存的法宝，但是对于植物栽培来说，这些性状就不符合人们的要求了，于是，我们的祖先就对它们进行了改造。

通过人工选择和栽培，人们使植物对人类有利的性状逐渐突出，而不受欢迎的性状逐渐消失，使野生植物逐渐向着有益于人类的方向发展。其实，原始人类所种植的栽培植物与现在我们所种植的同类植物许多方面已经大不相同，有的甚至"面目全非"了，当我们吃着硕大、甜美的梨或苹果时，你肯定不会相信它们的祖先仅仅是一些又酸又涩、既硬且小的果实；而现在播种后发芽整齐、种子成熟一致、非常便于人们收获和栽培管理的禾谷类，其祖先不过是一些果穗脆弱、籽粒成熟期不一致、成熟后又很容易散落的"杂草"罢了；豆类的野生祖先，其荚果成熟后几乎全部自行裂开，把种子全部散播掉了，根本无法大面积收集；我国的芍药、牡丹富丽华贵，其中牡丹又被我们定为"国花"，而在很早以前，它们的祖先却是很不中看的；还有，菜豆的祖先富含有剧毒的氰化物，这样才会免得它具有高蛋白的种子给动物们吃掉，因此人们在驯化时就选择了含这类有毒物质少的品种；与此相反，原始的烟草本来只在幼叶中含有烟碱，人们因为需要，选择就偏重于提高其烟碱含量，并使其叶子在整个生长期中都含有这种生物碱……

再譬如，番茄又叫西红柿，是现今人们非常喜爱的蔬菜之一。番茄原产于南美洲安第斯山区的北部，随着新大陆的发现，被西班牙殖民者带到了欧洲。当年，首次见到这种植物的希腊人说它是"狐狸吃的桃子"，英国人怀疑吃了它会得绝症，更有不少人认为它有毒，所以都不敢尝试去吃。说实话，如果我们看到番茄当年的外貌，也不会对它有多大兴趣的。因为它的枝叶有一种难闻的气味，果实也很小，又有棱角，而且种子还很多。但是，经过了人们的长期培育以后，番茄的果实由小变大，外形由多角变为圆形，果肉变厚，种子也变少了，逐渐就变成了我们现在所见到的样子。谁会想到，当年如此"丑陋"的番茄，居然会有朝一日风靡全世界，成为人们喜欢的日常蔬菜呢！

这些变化说起来似乎很容易，但却是我们的祖先付出了多少劳动、流出了多少汗水、又历经了多少代人的努力才得到的。

现今，世界上许多主要的农作物，如小麦、大麦、水稻、玉米、甘蔗、亚麻、棉花和多种蔬菜、豆类等等，都是在很早很早以前的原始社会就被人们所种植了。现在，人类赖以生存的栽培植物共约 2000 种(不包括观赏植物)，这些栽培植物在 1 万多年以前并不存在于自然界中，可见，在利用野生植物方面，我们的祖先付出了多少难以数计的艰辛，显示了多么不可思议的智慧，给我们留下了多么丰富而宝贵的遗产！

五谷
麦　豆　麻　稻　稷　黍

六畜
猪　马　牛　羊　鸡　狗

植物家族

从高山到峡谷,从丘陵到平原,从陆地到海洋、湖泊,从赤道到南北极,到处都有植物的踪影。万紫千红、千奇百态的植物将我们的地球装扮得如此多娇。森林诱发了人们对美好世界的向往,草原给了人们无比宽阔、豁达的性格,荒漠给人以力量和粗犷的感觉……所有这一切都是我们绿色世界的成员——是各种类型的植物所构成的。那么地球上到底有多少植物呢?据植物分类学者统计,全世界种子植物共约24万种,蕨类植物约有1.2万种,苔藓植物约有2.3万种,藻类植物约有1.7万种,真菌约有12万种,地衣类约有16.5万种,蓝藻约有500种……如此众多的植物种类,真是一个巨大非凡的植物王国呀!面对如此数目庞大、形态差异的植物世界,我们如何来区分、辨别它们呢?科学家们经过长期的研究,终于发现了植物界的一些基本规律,建立了一套分类系统,从而使人们能够从繁杂的各种植物中,按照它们的特性和彼此间的亲缘关系而区分辨认出来。

在林耐对植物进行科学分类和命名以前,植物的名称非常混乱,不但不同的国家和语言对同一种植物的叫法不同,就是在同一个国家、同一种语言中,由于方言和地域不同,对同一种植物的叫法也各不相同。比如原产南美洲的马铃薯,到了清朝时传入我国,现在已在全国广泛种植。而在我国的不同地区,马铃薯就有不同的名字:北京称它为"土豆",辽宁等地称为"地豆"或"地蛋",云南等地称为"洋芋"等等;再如黄瓜,

黄瓜是胡瓜的别名，原产印度，公元前200年张骞出使西域时把它带回我国，所以人们叫它胡瓜，据说是后来在隋朝因为帝王避讳的关系才改名黄瓜的；西瓜是夏天用来消暑解渴的上品，原产非洲，古代埃及人4000多年以前就开始栽培，大约在公元四五世纪以前才从西域传入我国，所以叫它西瓜；菠菜是北方的一种主要蔬菜之一，也叫波斯草，它原产于亚洲西南部，2000年前在波斯已经开始栽培，唐朝时传入我国；还有的植物是根据其生长环境来命名的，如山杨、雪莲等；有的植物则是根据其形状命名的，如蚕豆；有的植物是根据植物产地命名的，如蜀葵；有的植物是根据其开花的习性来命名，如迎春花；有的植物的名字是由音译而来的，如大丽花、仙客来；有的植物是根据其某一特点来命名的，如落地生根；还有一些植物的名称，由于年代久远，当初为什么如此命名，已经无据可考了，如"蚂蚱腿子"、"七七毛"等，想想看，光是在中国，一种植物就有如此众多的名称，如果全世界算起来，一种植物该有多少名字呢？如果没有一个科学的、统一的名字来称呼它们，那就苦了从事植物学工作的科学家们了，他们就要花费很大的精力去记忆如此众多而又稀奇古怪的植物名称才行。

就在人们想更好地了解各种植物、充分利用植物界的资源、对全世界的植物进行统一命名产生迫切需要的时候，林耐的植物命名方法问世了，这个命名方法给每种植物都起一个用拉丁文来表示的学名，这样，无论哪一个国家的分类学家，看到植物的拉丁文学名就会知道这种植物是什么、有什么样的特征，这样就可以避免因为名称的不一致所引起的混乱，也加强了各国植物学工作者之间的交流与合作，促进了植物学的发展。

以前，人们往往是根据植物的营养体即根、茎、叶的特征来识别植物的。例如在庭院绿化中常用的树种白皮松，便是根据这种植物的茎干

上白色的皮而命名的。但是,植物学家更愿意以植物的繁殖器官(主要指花)作为有花植物(被子植物)分类的主要依据。因为科学家们发现,植物的花比根、茎、叶等营养器官的保守性更大一些,不大容易受到外界环境的影响而发生形态上的某些变化,这使得人们识别起来更容易、更方便一些。

林耐的分类法与前人相比已经有了很大的进步了,但由于他没有以生物进化的观点来看待物种,所以,他使用的分类方法不能体现物种之间的亲缘关系,是一种人为的分类方法。后来,科学家们根据植物的形态、结构等级等方法进行分类,寻求各种物种之间的亲缘关系以及植物发展进化的本来面貌,所以这种分类方法又叫做自然分类法。植物分类学的发展,就是一个从人为分类法到自然分类法过渡、转变和不断发展完善的过程。

1867年,由德堪多等人提出创议,经过多次国际植物学会的讨论和修订,采用林耐提出的双名法命名规则的国际植物命名规则确立了。双名法的命名规则是:每一个学名由三两个拉丁字或拉丁化形式的字构成,第一部分是署名,为名词,字头要大写;第二部分是种名,为形容词。双名的后面可以附上命名人的姓氏缩写和命名的年份。如果种名下还有种以下等级的名称,如变种,则叫三名法。

林耐和以后的植物学工作者用这种方法命名了数以千万计的植物,从而结束了植物命名混乱的状况,使得植物的命名工作更加科学化、系统化。

为了方便研究,在植物分类学中,人们采用了一系列等级单位,从大到小依次是界、门、纲、目、科、属、种。在这种分类等级中,种是分类的基本单位。例如桃和蟠桃,都属于植物,都应当归于植物界;它们都能开花结果,种子不裸露,其外面包有果皮和种皮,属于被子植物门;桃的胚

有两片子叶,因此属于双子叶植物纲。属于同一纲的植物又根据其相似程度的多少,再在纲以下分目、目下再分科、科下再分属、属下再分种,一般来说,我们把上述名称叫做分类单位。植物的族谱一列出来,植物在植物王国中的位置、植物间亲缘关系的远近就清清楚楚了。

一般来说,植物的物种是受地理分布区域和生态环境影响的,但随着人们引种、驯化植物进程的不断加快,随着现代科学技术的发展,地区之间甚至物种之间的界限都被打破了,物种的水源也大大丰富和扩大了。因此,植物在繁殖过程中出现了许多新的亚种、变种、变形,这三个变种是属于种以下的分类等级,一般只具有少数不太重要的性状区别,如有毛无毛、花冠和果实的颜色等等。

随着科学的发展,人们认识的植物逐渐增多,分类特征的差异也比较大,最基本的七级制的分类等级已经不够用了,于是在界、门、纲、目、科、属、种以下,又增设了亚级,例如亚门、亚纲、亚目、亚科、亚属等。看来,植物大家族的成员是越来越"人丁兴旺"了!

植物群落的形成

植物群落是指在一定时间内居住于一定状态环境中的许多个种群所组成的生物系统。因此群落占据着一定的空间范围。在地球刚形成之时,地球上是没有植物的,更谈不上植物群落。地球经过了漫长的自然演变,为生物的出现创造了物质环境。当生命诞生后,又经过漫长岁月的进化,生物从低级阶段进化到了高级阶段。植物也从最低等的种类进化到了现在的被子植物这一最高级的阶段。那么,在一片没有任何植物的裸地上,植物群落是如何形成的呢?

经过生态学家的研究发现,植物群落的形成是需要有一定的条件的。

形成的条件

首先要有植物生活的空间,即裸地的存在。在生态学上把没有植物生长的地段称为裸地,或称芜原。裸地的存在是植物群落形成的最初条

件和场所之一。裸地产生的原因是多种多样的。或者是侵蚀、沉积、风积、重力下塌等的地形变迁;或者是干旱、严寒、狂风、暴风雪等气候原因;或者是动物的严重危害使原有群落全部或大部分毁去,而规模最大和方式最为多样的是人为的活动。因此,通常裸地可以分为两类:即原生裸地和次生裸地。原生裸地是指从来没有过植物覆盖的地面,或者是原来存在过植被,但被彻底消灭了(包括原有植被下的土壤)的地段。如冰川的移动、火山爆发等形成的裸地。次生裸地是指原有植被虽已不存在,但原有植被下的土壤条件基本保留,甚至还有曾经生长在此的种子或其他繁殖体的地段。如森林破筏迹地或火烧迹地等。一般将发生在原生裸地上的演替称为原生演替,发生在次生裸地上的演替称为次生演替。

其次,植物群落形成的另一个条件是要有植物繁殖体的传播。植物的繁殖体主要指孢子、种子、鳞茎、球茎、根状茎以及能够繁殖的植物体的任何部分(如大戟科的植物棒叶落地生根,它的叶就可以拿来直接繁殖新植株)。植物之所以能够占满裸地,是由于它能借助各种方式传播它的繁殖体,使植物能从一个地方"迁移"到另一个新的地方。植物在迁移的过程中,常常不是只有一次传播。繁殖体传播的延续性,决定于这样四个因素:①繁殖体的可动性。如果一个植物种的繁殖体缺乏可动性,那么它是很难从一个地点迁移到另一个地点的。植物繁殖体的可动性决定于繁殖体本身的重量、大小、面积和有无特殊的构造。如榆树的种子借助种子周围的翅可以传播,蒲公英的种子借助于冠毛传播,蕨类植物的孢子,由于体形微小,重量极轻,可以在大气中随风扩散,椰子的种子可以借助水而传播到遥远的地方,还有许多植物的繁殖体是借助于其表面的黏液、或有钩、刺等靠人或动物传播的。因此,繁殖体一定要有可动性。②繁殖体传播的动力。只有具有可动性的繁殖体而没有动力推

动它,繁殖体也是不能完成迁移的。其动力主要是风力、水力、动物体的运动以及靠自身传播。如有些植物的种子是依靠果实成熟后炸开而传播的。③地形对传播的影响。如平原、丘陵、高山、河流、海洋和湖泊等等。这些地形有的对繁殖体传播,有的则起阻碍作用,有时还会改变繁殖体的传播方向。经过研究发现,任何植物从甲地传播到遥远的乙地,通常需要很多年的时间和经过一系列的过渡地点。植物繁殖体在过渡地点顺序地发育为成长的个体。如果这些过渡地点不具备某种植物生存的环境条件,这种植物最终便不会到达乙地。比如甲→甲1→甲2→乙1→乙2→乙地,即从甲地到乙地必须要经过甲1、甲2、乙1和乙2这四个过渡地点,植物的繁殖体从甲地出发在传播动力的推动下迁移到了甲1,便在甲1发芽生长,繁殖后代,它的后代再向甲2迁移,以次类推,最后到达乙地。值得注意的是,最后形成植物群落的乙地的植物种类,不仅受遥远的甲地植物种类的影响,同时也受周围地区相应的其他植物群落中植物的影响,即受本土植物的影响。④传播距离的影响。繁殖体距离裸地越远,那么它到达裸地的机会就越小。那么具备了上述特征后,植物群落就能形成了吗?当然不能,繁殖体在裸地上至少还要经受定居和相互之间竞争的磨难。

第三,定居。植物繁殖体在经历了千辛万苦,长途跋涉后,终于来到了裸地上。当繁殖体到达新的地点后,便开始了在"异国他乡"的土地上定居的过程。植物繁殖体到达了新的地点后,有的不能发芽,有的发芽了但不能生长,或是生长了而不能繁殖。只有当一个种的个体在新的地点上能够发芽、生长、开花结果其后代也能生长繁殖时,该繁殖体才算是定居成功。在裸地上,环境对传播到这里的种子的影响是双重的。一方面,它影响了种子能不能立即发芽;另一方面,它也决定了种子能不能暂时保存而不致腐烂死亡。

最后是植物之间的竞争。随着繁殖体在裸地上定居成功种类的增多和数量的增加,过去宽敞的环境,开始变得拥挤,植物彼此之间开始为争夺充足的阳光、水分、营养物质以及生存空间而进行竞争。只有那些生长速度快,生理功能强以及对不利环境有很强适应性的植物种在这场残酷的竞争中才能获胜。在这里"适者生存,不适者被淘汰"是一个永恒的真理。到这时植物之间因为竞争而彼此之间在地上(枝叶)和地下(根系)发生了相互影响。植物群落开始步入了形成的阶段。

 ## 形成的过程

在裸地上,随着植物种类和数量的增加,植物种类之间和同种不同个体之间竞争的加剧,便形成了敞开的植物群落阶段。在这一阶段中,植物的枝叶在地上并不郁闭,即并不互相遮荫。偶然聚集在一起的植物种形成的结构十分简单,只有一层,常成斑点状很不均匀地分布在裸地上。地面仍有许多裸露地面。裸地上的植物种类数量变化很大,只要能在这儿生长的植物种,都能生长,不适应的植物种则被淘汰。群落的环境没有形成,环境的变化较大。大多为一年生和二年生的植物种类,多年生的草本植物种类较少。此阶段的植物都是阳性的种类,即喜阳光的植物种类,都能忍受地面温度和水分较大幅度的变化。我们称这种最初的植物组合为"先锋植物群落"。

第二个阶段是郁闭混合的植物群落。这个阶段的特征是不同植物种类形成的植丛的地上部分发生了联系,即形成了郁闭,裸露的地面越来越少,一、二年生草本植物逐渐消失,多年生植物逐渐增加。

第三个阶段是相对密闭的植物群落。这一阶段的特征是群落的结构已经有分化,植物种类均匀混合,以多年生植物占优势。随着竞争的

加剧,一些竞争力强的植物种,个体数量较多,而发展成为优势种类,正是由于这些种类的存在和生长繁殖,改变了原有生长地的环境条件,创造了群落内所特有的植物环境。适应于这个植物环境的其他植物种类能够在群落中存在,不适于这种环境的植物种类不可能进入群落。原来生长在这个环境中的植物种类只要是不再适应这个环境它就要灭亡。也就是说,要进入这种群落的新种类,要受到植物环境的选择,这就是植物群落的密闭性。由此可见,在裸地上植物群落的形成,是逐渐地由不密闭到达密闭的过程。至此,一个植物群落的初级阶段已经形成。

发育的时期

植物群落与生物有机体一样,是有它的发生、发展和衰亡的特性。一般可以把植物群落的发育分为三个时期:

第一为植物群落发育的初期。这一时期的重要标志是群落建群种(在创造植物群落环境,影响群落内其他种类生存时,起重要作用的种,它的数量也最多)的良好发育。在这个时期,种类成分仍不稳定,每种植物的个体数量变化也很大。群落结构尚未定型,层次分化不明显,每一层中的植物种类也不稳定。群落所特有的植物环境正在形成中,特点还不突出。

第二,群落发育的盛期。此时,植物群落的种类组成相对比较一致,群落的结构已经定型,层次有了良好的分化,而且每一层都有一定的植物种类。群落具有明显的结构,呈现一定的季相变化。群落内已经形成典型的植物环境。群落中各种群之间以及种群与环境之间的相互关系得到了完善和统一。

第三,群落发育的末期。随着时间的推移,群落内部的环境不断得到改造,最初这种改造对群落内各种植物的生存是十分有利的,可是随着改造的加剧,群落内的环境反而不再适应一些植物种类的生存。比如,我国东北的红松原始林。在红松群落发育到鼎盛时期时,群落的结构明显,层次分明,各种植物能够互相和睦地相处在一起。可是当红松林群落的枯枝落叶太厚时,就引起了林下沼泽化的形成,使红松幼苗不能发芽,土壤中缺乏空气,致使红松大片死亡。这正是目前许多天然红松林死亡的原因。此时,红松所创造的群落环境反而已不再适合它自己本身的生存。这时群落结构开始松散,其他外来的植物种,只要能适应这里的半沼泽化环境,它就可以定居成功。群落中各植物种之间又开始处于新的关系的形成之中,植物种类又开始出现混杂现象,原来群落的结构和植物环境的特点,也逐渐发生变化。由此可见,群落的发育和形成之间,是没有截然界限的,一个群落发育的末期,也就孕育着下一个群落发育的初期,一直要等到下一个群落进入发育盛期,被代替的这个群落的特点才会全部消失。因此,一个植物群落的形成,可以从裸地上开始,也可以从已有的另一个植物群落中开始。但是,任何一个群落在其形成过程中,无论是从裸地上开始还是从另一个群落上开始,都至少要经过植物的传播、植物的定居和植物之间的竞争这三个方面的条件和作用。

以上是植物群落形成所应具备的条件和植物群落的形成过程以及植物群落的发育过程。

原生裸地上植物群落

通常对原生演替系列的描述都是从岩石表面开始的旱生演替和从湖底开始的水生演替。这是因为岩石表面和湖底代表了两类极端类型：一个极干，一个又多水。

旱生演替系列

旱生演替系列是从环境条件极端恶劣的岩石表面或砂地上开始的。其系列包括以下几个演替阶段。

(1)地衣植物群落阶段

岩石表面无土壤，光照强、温度变化大，贫瘠而干燥。在这样的环境条件下，最先出现的是地衣，而且是壳状地衣。地衣分泌的有机酸腐蚀了坚硬的岩石表面，再加之物理和化学风化作用，坚硬的岩石表面出现了一些小颗粒，在地衣残体的作用下，该细小颗粒有了有机的成分。其后，叶状地衣和枝状地衣继续作用岩石表层，使岩石表层更加松软，岩石碎粒中有机质也逐渐增多。此时，地衣植物群落创造的较好的环境，反而不适合它自己本身的生存了，但却为较高等的植物类群创造了生存条件。

(2)苔藓植物阶段

在地衣群落发展的后期，开始出现了苔藓植物。苔藓植物与地衣相似，能够忍受极端干旱的环境。苔藓植物的残体比地衣大得多，苔藓的生长可以积累更多的腐殖质，同时对岩石表面的改造作用更加强烈。岩石颗粒变得更细小，松软层更厚。为土壤的发育和形成创造了更好的条件。

(3)草本植物群落阶段

群落演替继续向前发展。一些耐旱的植物种类开始侵入，如禾本科、菊科、蔷薇科等中的一些植物。种子植物对环境的改造作用更加强烈，小气候和土壤条件更有利于植物的生长。若气候允许，该演替系列可以向木本群落方向演替。

(4)灌木群落阶段

草木群落发展到一定程度时，一些喜刚的灌木开始出现。它们常与蒿草混生，形成"蒿草—灌木群落"。其后灌木数量大量增加，成为以灌木为优势的群落。

(5)乔木群落阶段

灌木群落发展到一定时期，为乔木的生存提供了良好的环境，喜阳的树木开始增多。随着时间的推移，逐渐就形成了森林。最后形成与当地大气候相适应的乔木群落，形成了地带性植被即顶极群落。

应该指出的是在旱生演替系列中，地衣和苔藓植物阶段所需时间最长，草本植物群落到灌木阶段所需时间较短，而到了森林阶段，其演替的速度又开始放慢了。

由此可以看出，旱生系列演替就是植物长满裸地的过程，是群落中各种群之间相互关系的形成过程，也是群落环境的形成过程，只有在各种矛盾都达到统一时,才能从一个裸地上形成一个稳定的群落,到达与该地区环境相适应顶级地群落。

水生演替系列

在一般的淡水湖泊中,只有在水深5~7m以上的湖底,才有较大型的水生植物生长,而在5~7m以下的深度,便是水底的原生裸地了。因此可以根据淡水湖泊中湖底的深浅变化,了解水生演替的发展变化。其水生演替系列将有以下的演替阶段。

(1)自由漂浮植物阶段

此阶段中,植物是漂浮生长的,其死亡残体将增加湖底有机质的聚积,同时湖岸雨水冲刷而带来的矿物质微粒的沉积也逐渐提高了湖底。这类漂浮的植物有:浮萍、满江红,以及一些藻类植物等。

(2)沉水植物阶段

在水深5~7m处,湖底裸地上最先出现的先锋植物是轮藻属的植物。轮藻属植物的生物量相对较大,使湖底有机质积累较快,自然也就使湖底的抬升作用加快了。当水深至2~4m时,金鱼藻、眼子菜、黑藻、茨藻等高等水生植物开始大量出现,这些植物生长繁殖能力更强,垫高湖底的作用也就更强了。

(3)浮叶根生植物阶段

随着湖底的日益变浅,浮叶根生植物开始出现,如莲、睡莲等。这些植物一方面由于其自身生物量较大,残体对进一步抬升湖底有很大的作用。另一方面由于这些植物叶片漂浮在水面当它们密集在水面时,就使得水下光照条件很差,不利于水下沉水植物的生长,迫使沉水植物向较深的湖底转移。这样又起到了湖底的抬升作用。

(4) 直立水生阶段

浮叶根生植物使湖底大大变浅，为直立水生植物的出现创造了良好的条件。最终直立水生植物取代了浮叶根生植物。如芦苇、香蒲、泽泻等。这些植物的根茎极为茂密，常纠缠交织在一起，使湖底迅速抬高，而且有的地方甚至可以形成一些浮岛。原来被水淹没的土地开始露出水面与大气接触，生存环境开始具有陆生植物的特点。

(5) 湿生草本植物阶段

新从湖中抬升出来的地面，不仅含有丰富的有机质而且还含有近于饱和的土壤水分。喜湿生的沼泽植物开始定居在这种生境上，如莎草科和禾本科中的一些湿生性种类。若此地带气候干旱，则这个阶段不会持续太长，很快旱生草类将随着生境中水分的大量丧失而取代湿生草类。若该地区适于森林的发展，则该群落将会继续向森林方向进行演替。

(6) 木本植物阶段

在湿生草本植物群落小，最先出现的木本植物是灌木。而后随着树木的侵入，便逐渐形成了森林，其湿生生境也最终改变成中生生境。

由此看来，水生演替系列就是湖泊填平的过程。这个过程是从湖泊的周围向湖泊中央顺序发生的。因此，比较容易观察到，在从湖岸到湖心的不同距离处，分布着演替系列中不同阶段的群落环带。每一带都为次一带的"进攻"准备了土壤条件。

在植物群落的形成过程中，土壤的发育和形成与植物的进化是协同发展的。不能说先有土壤，后有植物的进化，或先有植物的进化才有土壤的形成，二者是协同发展。土壤由岩石到土壤母岩，最后发育为土壤，植物则从低等类群进化到高等类群。

次生裸地上植物群落

发生在次生裸地上的演替即次生演替。次生演替是由于外界因素的作用所引起的。如森林砍伐、草原放牧和割草、火烧、病虫害、干旱等因素。下面我们以云杉林被砍伐以后,从采伐迹地上开始的群落过程为例来说明次生演替的规律。

云杉林是我国北方针叶林中优良的用材林,也是我国西部和西南地区亚高山针叶林中的一个主要森林群落类型。当云杉被砍伐以后,它的次生演替阶段如下。

(1)采伐迹地阶段

采伐迹地是指云杉林被砍伐后所留下的空旷地。原来森林内的小气候条件完全改变,过去林下耐阴的灌木和草本植物直接暴露在阳光下,所以这些阴性植物无法生存,便从采伐迹地上消失,而喜光的植物,尤其是禾本科、莎草科以及其他杂草到处蔓生起来,形成杂草群落。

(2)小叶树种阶段

云杉和冷杉一样,是生长慢的树种,它的幼苗对霜冻,日灼和干旱都很敏感,而且还需要有一定的庇荫才能生长。所以,云杉的种子不能在空旷地上直接萌发。可是,新的环境却适合于一些喜光的阔叶树种(桦树、山杨、桤木等)的生长,它们的幼苗不怕日灼和霜冻。因此,在原有云杉林所形成的优越土壤条件下,它们很快地生长起来,形成以桦树和山杨为主的群落。当幼树郁闭起来的时候,开始遮蔽土地,一方面太阳辐射和霜冻开始从地面移到落叶树种所组成的林冠上,同时,郁闭的林冠也为云杉幼苗的萌发和生长创造了条件。

(3)云杉定居阶段

由于桦树和山杨等上层树种缓和了林下小气候条件的剧烈变动,又改善了土壤环境,因此阔叶林下已经能够生长耐阴性的云杉和冷杉幼苗。随着时间的推移,到30年左右的时间,云杉就在桦树、山杨林中形成了第二层。加之桦树、山杨林天然稀疏,林内光照条件进一步改善,有利于云杉树的生长,于是云杉逐渐伸入到上层林冠中。虽然这个时期山杨和桦树的细枝随风摆动时开始撞击云杉,击落云杉的针叶,甚至使一部分云杉树因此而具有单侧树冠,但云杉继续向上生长。一般当桦树、山杨林长到50年时,许多云杉树就伸入上层林冠,形成了云杉和桦树及山杨林的针阔叶混交林。

(4)云杉林恢复阶段

当云杉的生长高度超过了桦树和山杨以后,于是云杉组成了森林上层。桦树和山杨是喜阳性树种,因不能适应上层遮阴而开始衰亡。到了80~100年,云杉终于又高居上层,造成严密的遮阴,在林内形成紧密的酸性落叶层。桦树和山杨则根本不能更新。这样,又形成了单层的云杉林,其中混杂着一些留下来的山杨和桦树。

这就是云杉林的复生过程也就是它的次生演替过程。可是,新形成的云杉林与采伐前的云杉林,只是在外貌和主要树种上相同,但树木的配置和密度都不相同了,复生不是复原。而且因为桦树、山杨林留下了比较肥沃的土壤(落叶层较大,土壤结构良好),山杨和桦树腐烂的根系还在土壤中造成了很深的孔道,这使得新长出的云杉能够利用这些孔道伸展根系,从而改变了云杉浅根系所容易导致的倒伏性,获得了较强的抗风力。这一点是前一个云杉林群落所不具有的。

因此可以看出,任何一个植物群落都不会是静止不变的,而是随着时间的进程,处于不断地变化和发展之中。

荒漠植物

荒漠植被是指以旱生或超旱生半乔木、半灌木、小半灌木和灌木占优势的稀疏植被。荒漠植被主要分布在亚热带和温带的干旱地区。从非洲北部的大西洋岸起,向东经撒哈拉沙漠、阿拉伯半岛的大小内夫得沙漠,鲁卜哈利沙漠、伊朗的卡维尔沙漠和卢特沙漠、阿富汗的赫尔曼德沙漠、印度和巴基斯坦的塔尔沙漠、中亚荒漠和我国西北及蒙古的大戈壁,形成世界上最为壮观而广阔的荒漠区,即亚非荒漠区。此外,在南北美洲和澳大利亚也有较大面积的沙漠。

荒漠的生态条件极为严酷。夏季炎热干燥,7月平均气温可达40℃。日温差大,有时可达80℃。年降水量少于250mm。在我国新疆的若羌年降水量仅有19mm,多大风和尘暴,物理风化强烈,土壤贫瘠。

荒漠的显著特征是植被十分稀疏。而且植物种类非常贫乏。有时100平方米中仅有1~2株植物。但是植物的生态——生物型或生活型却是多种多样的,如超旱生小半灌木、半灌木、灌木和半乔木等等。正因为如此,它们才能适应这严酷的生态环境。荒漠植物的叶片极度缩小或退化为完全无叶,植物体被白色茸毛等,以减少水分的丧失和抵抗日光的灼热。根系发达,增加吸水量保证水分供应以维持水分平衡。如生长在沙滩地区的骆驼刺,地上部分只有几厘米而地下部分深达15米,而且在水平方向上扩展的范围也很大。这种植物被称为少浆液植物。有的植物体内有储水组织、在环境异常恶劣时,靠体内的水分维持生存。这类

植物称为多浆液植物,多浆液植物的根、茎、叶中的薄壁组织逐渐转变为储水组织。储水能力愈强,储水量愈多,愈能在极强干旱环境中生存。因多浆液植物本身储存有水分,环境中又有充沛的光照和温度条件,因此,在极端干旱的沙漠地区,能长成高大乔木。例如北美洲沙漠中的仙人掌树,高达15~20米,可储水2吨以上;南美洲中部的瓶子树,树干最粗可达4人合围,可储水4吨之多,属于多浆液植物的有仙人掌科、石蒜科、百合科、番杏科、大戟科等,多浆液植物的一个主要特点是面积对体积的比例很小,这样可以减少蒸腾表面积。还有一些植物是在春雨或夏秋降雨期间,迅速生长发育,在旱季或冬季到来之前,完成自己的生活周期,以种子(短命植物)或根茎、块茎、鳞茎(称为类短命植物)度过不利的植物生长季节。因此,水在荒漠中是极为珍贵的,荒漠植物的一切适应性都是为了保持植物体内的水分收支平衡。

我国荒漠植被的建群植物是以超旱生的小半灌木与灌木的种类最多,如猪毛菜属、假木贼属、碱蓬属、驼绒藜属、盐爪爪、合头草、戈壁藜、小蓬、盐节木、木霸王、泡泡刺、麻黄等种类。

我国的荒漠主要分布于西北各省区。如新疆的塔克拉玛干大沙漠(世界第二大沙漠)、古尔班通古特沙漠,青海的柴达木盆地,内蒙古与宁夏的阿拉善高原,内蒙古的鄂尔多斯台地等。在气候上属于温带气候地带。降水分布不均匀,我国荒漠的东部由于受东南季风的影响,降水集中于夏季。西部主要受西来气流的影响,冬春雨雪逐渐增多。

我国荒漠植被按其植物的生活型划分,可以分为二个荒漠植被亚型。即小乔木荒漠、灌木荒漠和半灌木、小半灌木荒漠。其中以半灌木荒漠分布最为广泛,它们生长低矮、叶狭而稀少,最能适应和忍耐荒漠严酷的生长环境。

但是,我国荒漠与中亚荒漠相比,春雨型短命植物不发达,这主要是由于我国冬季降水缺乏造成的。然而,我国灌木荒漠则相对比中亚发达。

冻原植物

冻原又译为苔原,是寒带植被的代表。在欧亚大陆北部和美洲北部占了很大的面积(包括北方一些岛屿),形成一个大致连续的地带。

冻原植被的生态条件十分严峻。冬季漫长而寒冷,夏季短促而凉爽,植物生长仅2~3个月。因此,这里的植被表现出以下特点:

(1)植被种类组成简单,植物种类的数目通常为100~200种。冻原植被没有特殊的科。其具代表性的科为石南科、杨柳科、莎草科、禾本科、毛茛科、十字花科和蔷薇科等,多是灌木和草本,无乔木。苔藓和地衣很发达,在某些地区可成为优势种,故冻原又译为苔原。

(2)植物群落结构简单,可分为一至二层,最多为三层,即小灌木和矮灌木层、草本层、藓类地衣层。藓类和地衣肢体具有保护灌木和草本植物越冬芽的作用。

(3)冻原通常全为多年生植物,没有一年生植物,并且多数种类为常绿植物,如矮桧、牙疙疸、酸果蔓、喇叭茶、岩高兰等。这些常绿植物在春季可以很快地进行光合作用,而不必去花很多时间来形成新叶。为适应大风,许多种植物矮生,紧贴地面匍匐生长,如极柳、网状柳。这些特点都是为适应强风而防止被风吹走以及保持土壤表层的温度使其有利于生长的缘故。

冻原主要分布在欧亚大陆和北美大陆。在欧亚大陆的冻原区内,随着从南到北气候条件的差异,冻原又分为四个亚带:①森林冻原亚带,

这里的树木大多数是落叶松属、西伯利亚云杉、弯桦。灌木层中有矮桦和桧树。地被层中占优势的是真藓和地衣。沼泽占有一半以上的面积。②灌木冻原亚带，灌木以冻原亚带，灌木以矮桦为代表，还有圆叶柳、北极柳等。③藓类地衣亚带：这里藓类地衣占优势是最典型的冻原地带。④北极冻原亚带，分布在北冰洋沿岸，植被稀疏，完全没有小灌木群落。北美大陆北部的冻原与欧亚大陆冻原有很多相似之处。地衣冻原在北美有着比较广泛的发育。

我国的冻原仅分布在长白山海拔 2100 米以上，和阿尔泰山 3000 米以上的高山地带。长白山的山地冻原的主要植物有仙女木、牙疙疸、牛皮杜鹃、圆叶柳，并混生有大量的草本植物。阿尔泰山的冻原植物种类较少，属于干旱型的山地冻原，以镰刀藓、真藓、冰岛衣属等藓类和地衣植物为主。

草原

"天苍苍,野茫茫,风吹草低见牛羊"这句优美的诗句,在我们眼前呈现出了一派广阔无垠、绿草茵茵、蓝色的火、如云的羊群,风景如画的草原景象。吸引着多少人想策马扬鞭,飞奔在茫茫的草原之上。草原是美丽的,可是你知道吗?草原是温带地区的一种地带性植被类型。组成美丽草原的植物都是适应半干旱和半湿润气候条件下的草本植物,正是它们组成了草原植物群落这一大家庭。

草原在地球上占据着一定的区域。在欧亚大陆,草原从欧洲多瑙河下游起向东呈连续的带状延伸,经过罗马尼亚、前苏联和蒙古,进入我国境内内蒙古自治区等地,形成了世界上最为广阔的草原带。在北美洲,草原从北面的南萨斯喀彻河开始,沿着纬度方向,一直到达得克萨斯,形成南北走向的草原带。此外草原在南美洲、大洋洲和非洲也都有面积较小的分布。

草原的植物种类,既有一年生的草本植物,又有多年生的草本植物。在多年生草

本植物中,尤以禾本科植物为优势,禾草类的种类和数量之多,可以占到草原面积的 20%~50%,在草场特别茂盛的地方可以占到 60%~90%以上。它们主要是针茅属、羊茅属、隐子草属、落草属、冰草属、早熟禾属等属中的许多种类。这些植物是草原的主人,它们构造了草原群落的环境,是群落的建群种。除此之外,在草原上还伴生有许多的双子叶植物以及其他形形色色的杂类草植物,如野豌豆、地榆、黄花菜、裂叶蒿等。它们有时成片生长,有时点缀在草原之中,把绿色草原装点得绚丽多彩。草原上除草本植物外,还生长着许多灌木植物,如木地肤、百里香、锦鸡儿、冷蒿、驴驴蒿等。它们有的成丛生长,有的相连成片,其中许多种类都是牛马羊所喜爱吃的食物。如木地肤就被少数民族牧民称之为羊的"抓饭"。可见它的营养价值极高。

由于草原植物生长在半干旱和半湿润的地区,因此生态环境比较严酷,所以才形成了以地面芽植物为主的生活型。在这种气候条件下,草原植物的旱生结构比较明显,叶面积缩小,叶片内卷。气孔下陷、机械组织和保护组织发达,植物的地下部分强烈发育,地下根系的郁闭程度远超过地上部分的郁闭程度。这是对干旱环境条件的适应方式。多数草原植物的根系分布较浅,根系层集中在 0~30 厘米的土层中,细根的主要部分位于地下 5~10 厘米的范围内,雨后可以迅速地吸收水分。

草原群落的季相变化非常明显,它们的生长发育受雨水的影响很大。草原上主要的建群植物,都是在 6~7 月份雨季开始时,它们的生长发育才达到旺盛时期。还有一些植物的生长发育随降水情况的不同有很大的差异。在干旱年份,一直到 6 月份,草原上由于无雨而还是一片枯黄,到第一次降雨后才迅速长出嫩绿的叶丛。而在春雨较多的年份,草原则较早地呈现出绿色景观。有的植物种类在干旱年份仅长出微弱的营养苗,不进行有性繁殖过程,而在多雨的年份,它们的叶丛发育生

长高大，而且还大量地结果，繁殖后代。

我国的草原是欧亚草原区的一部分。从东北松辽平原，经内蒙古高原，直达黄土高原，形成了东北至西北方向的连续带状分布。另外，在青藏高原和新疆阿尔泰山的山前地带以及荒漠区的山地也有草原的分布。我国的草原与欧亚草原相似，不同地区植物种类成分差异很大。但是针茅属植物却是比较普遍存在的，因此针茅属对于草原植被来说具有重要意义。在某种程度上可以作为草原，尤其是欧亚草原的指示种。

我国草原可以分为四个类型：即草甸草原、典型草原、荒漠草原及高寒草原。草甸草原主要分布在松辽平原和内蒙古高原的东部边缘。以贝加尔针茅、羊草和线叶菊为建群种，并含有大量的中生杂类草。种类组成十分丰富，覆盖度也较大；典型草原分布在内蒙古、东北西南部、黄土高原中西部和阿尔泰山、天山以及祁连山的某一海拔范围内。以大针茅、克氏针芽、本氏针茅、针茅、冷蒿、百里香等植物为建群种。与草甸草原相比，种类组成较贫乏，盖度也小。但草群以旱生丛生禾草占有绝对优势；荒漠草原主要分布在内蒙古中部、黄土高原北部以及祁连山和天山的低山带。以沙生针茅、戈壁针茅、东方针茅、多根葱、驴驴蒿等种类为建群种，但群落中还有大量的超旱生小半灌木等。种类组成更加贫乏、草层高度、群落盖度和生产力等方面都比典型草原明显降低；高寒草原是指在高海拔、气候干冷的地区所特有的一种草原类型。主要分布在高耸的青藏高原、帕米尔高原及祁连山和天山的高海拔处。它是以寒旱生的多年生草本、根茎苔草和小半灌木为建群种，并有垫状植物的出现。主要建群种植物有紫花针茅、座花针茅、羽状针茅、银惠针茅、拟锦针茅、青藏苔草和西藏蒿等。种类组成不仅稀少，而且草群稀疏、结构简单、草层低矮、生产力低下。

盐碱地

　　所谓盐碱土植物是指生长在盐碱土上的植物。在我国,盐碱土大多分布于内陆干旱和半干旱地区以及海滨地带。因所在地地面蒸发大,排水不良,或因地下水位高,或受海潮影响而形成盐积化。盐碱土指土壤中可溶性盐含量相当于干土重的1%以上,有的可达3%以上。对于植物来说,土壤含盐量在0.2%以下,对植物的生长没有妨碍,在0.2%~0.5%之间时,仅对植物幼苗有危害,而在0.5%~1%之间时,大多数植物便不能生存了,只有一些耐盐的植物可以生存,如西瓜、棉花、甜菜等。当土壤含盐量在1%以上时,则只有特殊适应于盐碱土的植物才能生存,这就是盐碱土植物。

　　盐碱土对植物的危害是多方面的。首先,盐碱土可以引起植物的生理干旱,即由于土壤中可溶性盐分多,使土壤渗透压提高,植物不能吸收水分而最终导致植物死亡。其次,盐碱土

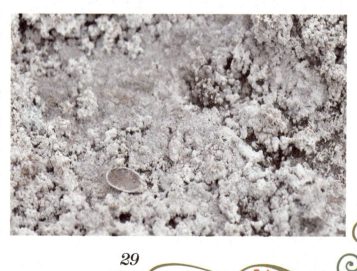

对植物有毒害作用，可以使植物细胞中毒，由于盐分在植物体内的积累，使原生质破坏,蛋白质合成受到阻碍,从而使植物生长发育不良。尤其是盐分过多还阻止了气孔保卫细胞中淀粉的形成，进而影响气孔关闭，植物体内水分散失很快，极易使植物发生枯萎。最后,盐碱土还对植物的根系有直接的杀伤作用，如碳酸钠和碳酸钾，都可以导致根系死亡。此外盐碱土对土壤的结构也有破坏作用。

那么在这么恶劣的环境中,盐碱土植物生存的奥秘是什么呢?经科学家们的深入研究才发现，生长在盐碱地上的植物都具有非常巧妙的抗盐和耐盐的本领。通常按照它们对盐碱地适应方式的不同,可以将盐碱土植物分为三类。

（1）聚盐性植物

这类植物能适应在盐渍化土壤上生长，能从土壤里吸收大量可溶性盐类并把这些盐类聚集在体内而不受害。如碱菀,就是一个十分典型的抗盐害"英雄",它的体内所含的氯化钠竟高达49.9%,简直成了天然奇咸的"咸菜"。又如盐角草,它的叶片极小，植株多汁液,细胞原生质内不仅含盐很多,而且含水量也很大。但是奇怪的是,这些植物非但不受盐害,而且它还能吸收大量的水分。其奥秘在于:吸收进植物体内的盐的钠离子已经与细胞中的有机物化合了，不仅不会使细胞的原生质受到盐害,而且由于细胞中含盐量的增多,增加了细胞液的浓度,提高了渗透压，因此使根系在土壤中能够从土壤可溶性盐中争夺到对生命极其宝贵的水分。这些植物还有碱蓬、黄须菜、盐爪爪等。其中,黄须的抗盐能力是很突出的。黄须又叫做盐吸,是一年生草本植物,叶子肥厚多汁,呈棍棒状,上面长了许多绒毛。黄须的根系非常发达,能使土壤变得疏松、渗透力加强。人们曾经在盐碱地上种过一年的黄须,结果75厘米深的土壤中含盐量仅剩余0.1%,难怪人们称之为"吸盐器"。

(2) 泌盐性植物

这类盐生植物也可以将大量的盐分吸收进自己的体内，但与聚盐性植物所不同的是，吸收进体内的盐分并不在植物体内聚积，而是通过茎叶表面的分泌腺(盐腺)，把所吸收的过多的盐分排出体外，以淡化自己。就如同人与动物通过汗腺排汗一样。被分泌出的盐分在茎、叶的表面形成晶体，经过风吹雨打后，便洒落地上。这类植物就是通过这种方式来避免自己遭受盐害折磨的。如柽柳、补血草、芦苇以及红树科中的许多种类。有趣的是，如果将这些泌盐性植物种在无盐分的土壤上时，它们的出"汗"本领也随之消失了。

(3) 不透盐性植物

这类植物一般仅能生长在盐渍化程度较轻的盐碱地上。这些植物的根系对盐的透性非常小，所以尽管它们生长在轻度盐碱地上，但几乎不吸收或很少吸收土壤中的盐类。其品性就如同荷花一样出污泥而不染。这类植物有盐地紫菀、盐地凤毛菊、田菁等等。

盐碱土植物在形态特征上也具有很典型的特征。如多矮小、干瘦，叶片退化或无叶，有的叶片则呈肉质，具有特殊的储水细胞。气孔下陷，表面积减少，体上具有白色绒毛以反射阳光减少水分散失等。

热带雨林

提起热带,人们立即会有一种骄阳似火的感觉。的确如此,热带地区由于太阳的垂直照射,其太阳光照程度要比温带等地高许多,因此温度很高。不仅如此,在热带的一些区域,除了高温外,气候上还具有高湿的特性。

什么是热带雨林,一般认为热带雨林是指耐阴、喜雨、喜高温、结构层次不明显,层外植物丰富的乔木植物群落。

热带雨林主要分布于赤道南北纬5~10度以内的热带气候地区。这里全年高温多雨,无明显的季节区别,年平均温度25~30℃,最冷月的平均温度也在18℃以上,极端最高温度多数在36℃以下,年降水量通常超过2000mm,有的竟达6000mm。据载,世界上降雨量最多的地方是在美国夏威夷群岛的山地上,它的年降水量可以达到12000mm。全年雨量分配均匀,常年湿润,空气相对湿度在90%以上。

热带雨林在外貌结构上具有很多独特的特点。

(1)种类组成特别丰富,大部分都是高大乔木。如菲律宾雨林一个地区,每1000平方米面积约有800株高达3米以上的树木,分属于120种。热带雨林中植物生长十分密集,在巴西,曾记录到每平方米至少有一株树木。所以雨林也有"热带密林"之称。

(2)群落结构复杂,树冠不齐,乔木、灌木甚至有些草本植物也很高大,所以分层不明显。

(3)藤本植物及附生植物极丰富,在阴暗的林下地表草本层并不茂密。在明亮地带草本较茂盛。

(4)树干高大挺直,分枝小,树皮光滑,常具板状根和支柱根。

(5)茎花现象(即花生在无叶木质茎上)很常见。关于茎花现象的产生有两种说法,其一认为这是一种原始的性状,说明了热带雨林乔木植物的古老性,其二认为这是对昆虫授粉的一种适应,因为乔木太高,虫蝶飞不到几十米甚至上百米的高空中去授粉。所以花开在较低的茎上。

(6)寄生植物很普遍,高等有花的奇生植物常发育于乔木的根茎上,如苏门答腊雨林中有一种高等寄生植物,叫大花草就寄生在青紫葛属的根上,它无茎、无根、无叶,只有直径达1米的大花,具臭味,是世界上最大最奇特的一种花。

(7)热带雨林的植物终年生长发育:由于它们没有共同的休眠期,所以一年到头都有植物开花结果。森林常绿不是因为叶子永不脱落,而是因为不同植物种落叶时间不同,即使同一植物落叶时间也可能不同,因此,一年四季都有植物在叶与落叶,开花与结果,景观呈现出常绿色。

热带雨林除欧洲外,其他各洲均有分布,而且在外貌结构上也都颇相似,但在种类组成上却不同。理查斯将世界上的热带雨林分成三大群系类型,即印度马来雨林群系、非洲雨林群系和美洲雨林群系。

(1)印度马来雨林群系:包括亚洲和大洋洲所有热带雨林。由于大洋洲的雨林面积较小,而东南亚却占有大面积的雨林,因此,又可称为亚洲的雨林群系。亚洲雨林主要分布在菲律宾群岛、马来半岛、中南半岛的东西两岸,恒河和布拉马普特拉河下游,斯里兰卡南部以及我国的南部等地。其特点是以龙脑香科植物为优势,缺乏具有美丽大型花的植物和特别高大的棕榈科植物,但具有高大的木本真蕨八字沙椤属以及著名的白藤属和兰科附生植物。

(2)非洲雨林群系:面积不大,约为 60 万平方公里,主要分布在刚果盆地。在赤道以南分布到马达加斯加岛的东岸及其他岛屿。

非洲雨林的种类较贫乏,但有大量的特有种。棕榈科植物尤其引人注意,如棕榈、油椰子等,咖啡属种类很多(全世界只有 35 种,非洲占 20 种)。然而在西非却以楝科为优势,豆科植物也占有一定的优势。

(3)美洲雨林群系:该群系面积最大,为 300 万平方米以上,以亚马逊河河流为中心,向西扩展到安达斯山的低麓,向东止于圭亚那,向南达玻利维亚和巴拉圭,向北则到墨西哥南部及安的列斯群岛。这里豆科植物是优势科,藤本植物和附生植物特别多,凤梨科、仙人掌科、天南星科和棕榈科植物也十分丰富。经济作物三叶橡胶、可可树、椰子属植物等均原产于这里。同时这里还生长特有的王莲,其叶子直径可达 1.5 米。

我国的热带雨林主要分布在台湾省南部、海南岛、云南南部和西双版纳地区,在西藏喜马拉雅山南麓沿布拉马普特拉河的支流一带也有分布。但以云南西双版纳和海南岛最为典型。占优势的乔木树种是:桑科的见血封喉、大青树、马椰果、菠萝蜜,无患子科的番龙眼以及番茄枝科、肉豆蔻科、橄榄科和棕榈科的一些植物等。

但是由于我国雨林是世界雨林分布的最北边缘,因此,林中附生植物较少,龙脑香科的种类和个体数量不如东南亚典型雨林多,小型叶的比例较大,一年中有一个短暂而集中的换叶期,表现出一定程度上的季节变化。

热带雨林孕育着丰富的生物资源,但世界上热带雨林却遭到了前所未有的破坏,热带地区高温多雨,有机质分解快,生物循环强烈,植被一旦被破坏后,极易引起水土流失,导致环境退化。因此,保护热带雨林是当前全世界最为关心的问题。

气候的指示器

常绿阔叶林都发育在湿润的亚热带气候地带。常绿阔叶林主要由樟科、壳斗科、山茶科、金缕梅科等科的常绿阔叶林树组成。其建群种和优势种的叶子相当大，呈椭圆形且革质、表面有厚蜡质层，具光泽，没有茸毛，叶面向着太阳光，能反射光线，所以这类森林又称为"照叶林"。林内最上层的乔木树种，枝端形成的冬芽有芽鳞保护，而林下的植物，由于气候条件较湿润，所以形成的芽无芽鳞保护。其林相比较整齐，树冠呈微波起伏状，外貌呈暗绿色。群落的季相变化远不如落叶阔叶林明显。林内没有板状根植物，也没有茎花现象的植物。藤本植物不多，种类亦少。附生植物亦大为减少。

常绿阔叶林分布于亚热带地区的大陆东岸，在南北美洲、非洲、大洋洲均有分布，但分布的面积都不大。在亚洲除朝鲜、日本有少量分布外，以我国分布的面积最大。

美洲，常绿阔叶林主要分布于北美的佛罗里达和南美的智利和巴塔哥尼亚等地。北美的主要树种为各种栎类、美洲山毛榉、大花木兰等。南美的主要乔木有蔷薇科的假毛山榉等。

非洲，常绿阔叶林见于西岸大西洋中的加那列群岛和马德拉群岛。加那列群岛上的常绿阔叶林是这种森林的典型例子，主要乔木树种有加那列月桂树和印度鳄梨，林下灌木中有很多具革质叶的常绿灌木，真蕨类和苔藓非常繁盛。

大洋洲，澳大利亚的常绿阔叶林分布于大陆东岸的昆士兰、新南威尔士、维多利亚直到塔斯马尼亚。主要成分是各种桉树、假山毛榉和树蕨类等。林下木本的菊科植物很丰富，也有金合欢属等。草本层以各类蕨类植物最普遍。

我国的亚热带常绿阔叶林是世界上分布面积最大的。从秦岭、淮河以南一直分布到广东、广西中部，东至黄海和东海海岸，西达青藏高原东缘。本区东部和中部的大部分地区受太平洋季风的影响，西南部的部分地区又受到印度洋季风的影响，加之纬度偏南，所以气候温暖湿润。

我国的常绿阔叶林主要由壳斗科的栲、青冈，樟科的樟、润楠，山茶科的木荷等属的常绿乔木组成，还有木兰科、金缕梅科的一些种类。

由于我国亚热带常绿阔叶林区域面积广大，从北纬23°跨越到北纬34°，南北气候差异明显。因此各地群落的组成和结构有一定差异。北部常绿阔叶林的乔木层中常含有较多的落叶成分，仅林下层以常绿灌木占优势；而偏南地区的常绿阔叶林往往又具有一些热带季雨林和雨林的特征。

我国目前原始的常绿阔叶林保存很少，常绿林大多已被砍伐，而为人工或半天然的针叶林所替代。此外。竹林也是我国东部地区一种十分重要的植被类型。

植物的组织

这里的组织不是指人类社会的组织,而是对植物体结构和功能的一种划分。

植物在生长、发育过程中会形成各种类型的细胞,人们可以把这些细胞根据其生长来源或生理功能进行分类。一般来说,人们把植物体中具有相同来源的(即由同一个或同一群细胞分裂、生长、分化而来的)同一类型、或不同类型的细胞群组成的结构和功能单位,称为组织。简略地说,植物的组织就是植物体内模样差不多或功能相一致的细胞组成的各个部分。植物的每一种器官都会含有一定种类的组织,这些组织都有一定的分布规律,而且会行使特定的生理功能。

植物体内的组织根据其功能和结构的不同,可以分为以下几种:分生组织、保护组织、薄壁组织、输导组织、机械组织和分泌组织等。

分生组织是新细胞的"生产工厂",是植物生机勃勃的象征。分生组织的细胞与植物的其他细胞不同,它们在植物体的一生中都有分裂能力。正是由于有这样的组织细胞,植物才能不断地增加新细胞以补充体内死亡的细胞,才能维持自身不断地发育、生长,才能保证自身不断地繁殖下去。我们知道,植物的根会不断地深扎、延长以利于吸收更多的水分和营养物质;植物的茎会不断地向上长高、向外延伸,以获取有利的空间地位;植物的侧枝和叶片会拼命地向外扩展,以获得更大的阳光收集面积。我们还知道,人类的主要食物之———小麦会在像野草一样的植株上拔节、抽穗,最后结出籽粒饱满、富含营养的种子来;韭菜的叶子在被剪去上部以后并不会死亡,而是会继续生长,长得茂盛挺拔……所有这些植物的生长、发育的表现,无一不是植物体内的分生组织在分裂、在活动的具体结果。

保护组织一般覆盖于植物体的表面,对植物体起着保护作用。保护组织是植物体的天然屏障,它能够减少植物体内水分的蒸腾,控制植物与环境的气体交换,防止病虫侵袭和机械损伤。这有点像科幻小说里的智能"围墙"。

在植物体中,以薄壁组织分布得最广、总量最多,植物无论根、茎还是叶上,到处都有薄壁组织。由于薄壁组织占植物体体积的大部分,而且到处都有,所以又被叫做植物的基本组织。薄壁组织是植物进行各种生命活动的主要组织,如绿色植物赖以生存的光合作用、呼吸作用以及各类代谢物的合成和转化,都主要在薄壁组织中进行;许多植物合成的淀粉、蛋白质、糖和脂肪等有机物也主要贮藏在根、茎、叶等器官的薄壁组织中,以备不时之需;在干旱地带,仙人掌、龙舌兰等旱生植物的肉质茎中,其薄壁组织的细胞膨大后用来贮藏大量的水分,以应付干旱环境下的生存需要;水生植物的茎、叶或其他器官的薄壁组织,其细胞间的间隙特别发达,能够在植物体内形成相互连通的气腔和气道,便于植物体与外界进行气体的交换……

机械组织是植物体的"脊梁",它的特点是有很强的抗压、抗拉伸、抗弯曲的能力,在植物体中主要起支持作用。我们都知道,木材和许多植物的主干都很坚硬;高大的树干在经受了狂风暴雨和其他外力的侵袭后仍能傲然挺立;看似柔弱的树叶能够平展开来去追逐阳光……在这些自然界的奇迹后面,主要都是植物的机械组织的功劳。"大雪压青松,青松挺且直。若问松高洁,待到雪化时。"这首优美豪壮的诗,原来赞美的就是植物的机械组织。

植物的机械组织并不都是相同的,一般可分为厚角组织和厚壁组织两大类。厚角组织的细胞壁不均匀增厚,经常在几个细胞邻接的拐角处特别厚实,所以称为厚角组织。例如在薄荷的方茎中,在南瓜、芹菜等带棱的茎和叶柄中都有厚角组织的分布;厚壁组织与厚角组织不同,它们的细胞壁均匀增厚,并且常常木质化。厚壁组织的细胞里面,活的物质已经不存在了,只剩下了外周的细胞壁,因此它们是死细胞。厚壁组织又可分为两类:一类是石细胞。在我们吃梨的时候,果肉中有硬硬的像沙子一样的小颗粒,这就是石细胞;菜豆、蚕豆的种皮又厚又硬,就是因为有多层石细胞存在的缘故;茶、桂花的叶片中具有单个的分枝状石细胞,增加了叶片的硬度,也影响着茶叶的品质;核桃、桃、椰子等果实中都有一个坚硬的核,这也是由多层石细胞组成的果皮。另一类是纤维,是一种两端尖细成梭形的细长细胞,长度一般比宽度多出许多倍。纤维广泛分布于成熟植物体的各部分,它们通常在植物体内相互重叠排列、紧密结合成束状,因此具有很好的强度,成为植物体中主要的支持组织。

许多植物的体细胞能够合成一些特殊的有机物或无机物,并把它们排到体外、细胞外或积累于细胞中,这种现象称为分泌现象,植物能产生分泌物的细胞组成的组织就称为分泌组织。常见的植物分泌组织主要有腺表皮、腺毛、蜜腺等。植物分泌物的种类很多,有糖类、挥发油、有机酸、生物碱、丹宁、树脂、油类、杀菌素、生长素、维生素及多种无机盐等,这些分泌物在植物的生活中起着多种作用。例如,植物的根细胞会分泌有机酸,这些有机酸能够使土壤中难以被水溶解的盐类转化成可溶性的物质,以供植物吸收利用;大多数植物的花朵能分泌蜜汁和芳香油,以便引诱昆虫前来采蜜,帮助传播花粉;有些植物能分泌出抑制或杀死病菌和其他植物的物质,一些植物的分泌物甚至能对动物造成伤害,这可是植物自己制造用来保家护命的得力武器呢!

茎的力量

当人们到公园散步游玩时，那一簇簇绿叶、一朵朵鲜花在微风中轻摇细摆，多么逗人喜欢！还有那挂满枝头的果实，在绿叶中若隐若现，更是令人"垂涎三尺"。然而，你可知道，那并不引人注目的、为它们默默"撑腰"的是谁？植物学家把这功劳归于刚强的大力士——茎。

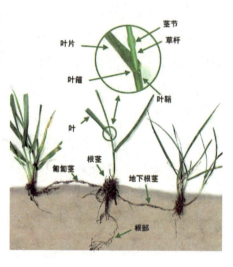

一棵大树，它的整个树冠重量惊人。在云南省兰坪白族普米族自治县拉井镇甲登村，村民乔华家的承包地旁有一棵古毛桃树，树高18米，胸径1.58米，每年结果可以超过千斤；江西南昌市太平乡有株1400年的银杏树，年结果可达1250多千克。像这类树木，仅结的果实就达到上千千克，如果再加上枝叶的重量，难以想像整个树冠该有多重。

桉树是树中巨人，能长到二十多层楼房那么高；而生长在美国加州红杉国家公园内的一株红杉，胸径粗到需要十几个人拉起手来才能围得拢，如果把这棵红杉树放倒，人要翻越过去就必须借助梯子呢！在我国云南中外闻名的西双版纳热带丛林中，有一种非常高大的树木，人站在树下，只见大树高耸入天，不能望到树顶。这种树有的高达80米，胸径

可达3米以上。这些高大无比的参天巨树能够屹立几百年甚至几千年不倒,就是靠茎这个刚强的大力士在支撑着。

为什么植物要生出这么高大的茎来呢?原来,这是许多植物在竞争中学到的生存之道。首先,茎可以支持植物的叶部,使叶尽可能地扩张开来,以接受阳光的沐浴,进行光合作用,而且茎干越高,越能突破地形和其他植物的遮挡,获得更多的阳光;其次,茎也可以使植物的花部充分升起,使花粉易为风力或昆虫所传播,使种子得到更大面积的散布,从而可以更好地传宗接代和扩大种群;第三,由于"树大招风",为了抵抗自然界暴风、雨雪等外力的摧残,许多种类的植物就发展出体积庞大、具有强大支撑结构的茎干。

植物的茎为什么能这样挺立坚牢呢?植物解剖学家进行了细致的解剖研究。他们发现,茎有如此强大的支撑作用,完全是靠茎内的多种机械组织来完成的。植物的植株越大,所需要的支撑力量就越大,体内的机械组织也就越发达。这类机械组织是由植物顶端的分生组织衍生过来的,往往在植物茎内相互重叠排列,紧密结合成束,在植物体内构成分布合理的骨架。其他各种组织就填充在这个骨架之中,其中木纤维量最多,多存在于中心附近的木质部分,主要起重力支撑和对牵引力抵抗的作用。

植物体很像一座综合的建筑物,原理上也和钢筋混凝土的建筑物相似,但比一般的建筑物有许多优越和更加完善的地方。科学家通过对茎的机械原理进行实验研究后发现,植物体原来具有与建筑物结构体类似的性质,比如有弹性、坚固性和韧性等;植物的机械组织类似钢筋混凝土建筑物的骨架,输导组织、保护组织等也起着辅助的作用;由于植物体本身的压力和重量会随着发育和生长在不断地改变,植物机械组织的分布也会随之改变,幼茎常具有一定的弹性,其机械组织多排列

41

于边缘;随着植物的生长,由于负荷增加,茎干下部逐渐增粗,机械组织多集中于中心部分。于是,茎和它下部的伙伴——根,一起构成了植物体完善的支撑体系。

是不是所有植物的茎干都是顶天立地的巨人呢?也不是。

我们经常食用的洋葱头、大葱、大蒜头、荸荠、慈姑、块状的马铃薯、球状的芋头,还有莲藕、竹子和芦苇的地下部分,它们是属于根呢还是属于茎呢?如果你不了解它们,你就会不假思索地回答说,它们都是根。可不是嘛,在传统的概念中,一般认为只有根才是长在地下的,上面所提到的那些植物的部分都是长在地下的,自然是根了!但是,这个答案错了,它们都是茎!

其实,在判断一株植物体上哪一部分是茎时,有一个很好的标准,那就是茎在形态上都有主要特征,即有节(叶子着生的地方)、节间(两片叶子之间的部分)和顶芽。抓住这些主要特征,无论茎的外形如何变化,我们都能够轻易将它与植物的其他部分区别开。像前面提到的几种植物的部位,虽然在长期的发展进化过程中,为了适应贮藏、繁殖或其他的生理功能,已经由地上转为地下,变成了"地下工作者",容貌和形态上也发生了很大的变化,变得很像植物的根,但是它们的本质仍然没有发生改变,依然有明显的节间和节部退化的叶子,而且在这些退化的叶腋中还有芽,可以发展为地上的枝,因而它们仍然是茎。

我们经常能见到的藕,就是荷花的根状茎。虽然藕是生长在泥土里的,形状也有些像根,但它的形态的变化不是很彻底,依稀还能看出茎的影子。马铃薯就不同了,那种深埋地下的圆圆的块状物,无论如何也难以让人与"茎"这个概念联系起来!但仔细观察一下已经变为卵形或球形的马铃薯,你就会发现,圆圆的马铃薯上有许多小"眼睛",这就是马铃薯块茎的芽眼。这些芽眼在块茎上呈螺旋状排列,每一个芽眼都相对于茎的节的部分。当块茎幼小时,还可以看到鳞片叶,它们长大以后,鳞片叶就脱落了。芽眼内(相当于叶腋),通常有三个或三个以上的芽。由此可见,马铃薯的块茎有节、有芽又有叶,仍然没有失去茎的基本特征,因此,它怎样变化都还是茎这一大家族中的一员。

与马铃薯不同,洋葱、大蒜和大葱的地下茎,上面着生了许多鳞片,这是退化的叶片,叫做鳞叶。如果把一个洋葱从中间切开,它茎的本质可就暴露无遗了。鳞叶内部呈肉质状,里面贮藏了大量的营养物质,这就是洋葱的茎,在植物学上称之为鳞茎。在鳞叶的叶腋处,有时会长出小的鳞茎来。鳞茎的下部生长不定根。荸荠、慈姑、芋头的地下茎也呈球形,在其中也贮藏了大量的营养物质,这样的地下茎在植物学上称之为球茎。你瞧,球茎的头上有顶芽,身上还有一轮轮节的痕迹,节上具有膜质状的鳞叶,鳞叶内还有小侧芽,完全具备茎的特征,那么它们是茎就无可置疑了。

仙人掌的茎肥厚多汁,是储存水分的仓库。仙人掌的这种茎被称为肉质茎。仙人掌的肉质茎储存水分的能力是非常惊人的,有一种有分枝的巨柱仙人掌,可高达数十米,体内储存的水分可达1吨。仙人掌的肉质茎储存水分很多,但是体内的水分消耗却很慢,这些特点都是它非常适合在干旱缺水的环境中生存。有的人可能会问,既然肥厚多汁的部分

是仙人掌的茎,那么仙人掌的叶子跑到哪里去了呢?见过仙人掌的人都知道,仙人掌的肉质茎上有很多细小的针刺,一不小心就会扎伤手指,这些针刺就是仙人掌的叶子经过变态以后形成。叶子变成了针状刺,就可以尽可能的减少蒸腾,以保持水分。仙人掌的茎是绿色的,可以进行光合作用,代替了叶子的主要功能。

在长期的进化过程中,许多植物的茎在功能上有了改变,而功能的改变也使其形态发生了种种变异,植物学上把这种变化称为变态。例如,皂荚身上有针刺,那是茎的变态,用来保护茎和花;山药、葡萄和南瓜的茎和叶子之间所生的芽也是茎的变态,以便繁殖;和仙人掌的茎相似,莴苣、榨菜等植物把地上的茎变成了肥大多汁的绿色肉质茎,用于储存营养物质,以便延续生命或传宗接代,没想到却成了可供人们食用的美味佳肴;许多攀援植物生有茎卷须,那也是茎的一种变态,可以使植物攀援在其他物体上向上生长,争取到更多的阳光;假叶树的叶子很小,侧枝却转变为叶片状,且呈绿色,被人们叫做叶状枝……

一般情况下,茎在地面上可以分为直立的茎、匍匐在地上的茎和攀援在其他物体上的茎。大部分植物的茎部是直立的,均能够向上生长。匍匐在地上的茎,只半面生叶,接触地面的部分不生叶。热带地区雨量充沛,空气潮湿,树木异常繁茂,那些不能自己直立的攀援植物,也能攀附在高大的树木上,尽力向上生长,以争取获得更多的阳光照射。

植物的茎是千姿百态、多姿多彩的,小小的马铃薯与参天大树相比,就像一个站在大力士前面的小不点儿。不过我们可不能小瞧这些小不点儿,因为正是它们为我们提供了很多赖以生存的食物。

绿色加工厂

当和煦的春风吹绿了广袤的田野和山川的时候,杨柳青青,绿草茵茵,触目所及,正是这美丽的绿色让大地显示出勃勃的生机。是谁给我们带来了这青翠欲滴的绿色?原来就是绝大多数植物都离不开的阳光工厂——绿叶。好,就让我们走近这绿色的世界,去探索一下这绿色的植物叶片的奥秘吧。

叶子是什么样子的?这可是个不好回答的问题,因为不同植物不但形状不同,就是大小、薄厚都有不同,即使在同一株植物上,它的叶子也是互不相同的。

可是植物学家有办法,他们研究了许多植物的叶子,给这些叶子们分了类、起了名字。这些名字大多和它们的形状有关系:比如松树的叶子细细的、长长的、尖尖的,很像人们常用的缝衣针,因此这类叶子就被叫做针叶;柳树的叶子又窄又长,活像一把尖尖的长刀,这一类叶子与中医常用的一种针灸用针——铍针很相似,就被称为铍针形叶;枫树的叶子向四周分裂开,很像一只伸开的巴掌,因此被叫做掌状叶;有的叶长得很像鸟类的羽毛,被称作羽状叶;还有的叶子长得很像心脏的形状,被称为心形叶;长得接近圆形的叶子被称为圆形叶;长得接近椭圆形的叶子被称为椭圆形叶……有些叶子看起来好像一个大叶子,却是由许多小叶片组成的,被称为复叶;有的叶子看似是好多叶子挤在一块儿,其实却是由一个大叶子割裂开来而形成的,因此被称为割裂叶……

还有一些叶子在长期的进化中发生了变异,让人简直看不出它是叶子了,如生长在沼泽地带的猪笼草,叶子的末端进化出功能齐全的捕虫袋,诱捕那些贪吃的昆虫作为食物;捕蝇草的叶子也进化出了捕捉昆虫的机关,但与猪笼草的袋子不同,它的机关是一个结构精巧的触发夹子,只要贪吃的昆虫触动了它的扳机——硬毛,两片带有尖刺的叶片就会在瞬间合拢,昆虫就再也跑不掉了;还有,豌豆的一些叶子进化成为叶卷须,成为豌豆攀附植物的有力工具;北美山茱萸的叶子从颜色到形状都发生了变化,如果你不知底细,怎么看也会把它错认为美丽的花瓣。

植物的叶子不但形状千奇百怪,大小也相差悬殊。在热带雨林地区,生长繁茂的芭蕉和棕榈树一般都长着巨大的叶子。有一种叫橡叶树的植物,一般生活在热带雨林的河边,它巨大的叶子直径可达 2 米左右。相比之下,大多数生活在比较恶劣的环境里的植物则非常矮小,像金鱼草,生活在水中,叶子的宽度只有 0.1~0.5 毫米,这就需要用放大镜才能看得清楚了。更加矮小的植物是苔藓类,它们是比较低等的植物,叶子的功能还不够健全,常生活在阴暗、潮湿、阴冷的地方,有些种类的叶子非常小,需要放大镜甚至显微镜才能看得清楚。

植物为什么要长绿色的叶子呢?难道是为了好看吗?当然不是。在 18 世纪以前,绿叶之谜正如其他物理化学上的谜团一样,困扰着好奇的人们。1771 年 8 月 18 日,英国人约瑟夫·普利斯特利做了一个现在看起来非常简单的实验:他在一个密闭的玻璃罩下面放了一支点燃的蜡烛和一只小老鼠,并把一枝薄荷的枝叶放在里面,他发现,与以前做的类似的实验不同,这一次点燃的蜡烛没有熄灭,小老鼠也没有死亡。试验的结果使普利斯特利认识到,薄荷的枝叶能清洁空气,植物能保持空气清新。一年之后,日内瓦的一位牧师约翰·谢内别又通过实验证明,绿叶在阳光下能制造氧气!这个结论使得谢内别感到万分惊奇,原来我们认

为非常普通的绿叶，每天都在进行着当时世界上所有的化学家在实验室里所不能完成的伟大工作：通过光合作用把无机物化合成为有机物，为自己制造出赖以生存的营养物质，同时也为人类制造出赖以生存的氧气，而完成这一伟大过程所需要的能源，仅仅是我们再熟悉不过的东西——阳光！

看来植物为什么要长叶子的答案有了，但另一个问题——植物的叶子为什么是绿色的，答案则是又经过了无数专家学者的辛勤劳动，经过了几代人的努力后才得到的。原来，植物之所以呈现绿色，是因为植物叶片中含有大量叶绿素的缘故。没想到看起来如此复杂的绿叶之谜，谜底却是如此简单。

科学家进一步研究发现，叶绿体中的叶绿素分为叶绿素 a 和叶绿素 b，它们的结构成分差别很小，但它们的颜色却不一样：叶绿素 a 是蓝绿色，叶绿素 b 是黄绿色。它们一般都同时存在于叶绿体里面，叶绿素 a 和叶绿素 b 的比例大约为 3:1。当然，由于环境和条件的变化，这个比例也不是固定不变的。因为所含的这两种色素的比例不同，绿叶的颜色便有深有浅，例如新叶嫩绿而老叶色暗，那就是含有这两种叶绿素总量的不同造成的。

为什么叶绿素的颜色是绿色的呢？经研究发现，这是由于叶绿素对不同颜色的光吸收不平衡造成的。

我们知道，当阳光束通过三棱镜时，就可以被分为红、橙、黄、绿、青、蓝、紫七种颜色的可见光。叶绿素吸收光的能力极强，对各种颜色的光都有吸收，但唯独对绿光吸收最少，因此，绿光就会被反射出来，叶绿素才会呈现绿色。

俄国的科学家季米里亚席夫对这个问题也很关心，他研究了十几年，虽然没能得到确切的答案，但他深信，既然叶子的绿色是植物在数

百万年的生存竞争中巩固起来的一种颜色,那就说明,绿色对植物是最合适的,当最后的谜底揭示出来的时候,人们得到的答案却恰恰相反:植物之所以呈绿色,竟是因为植物对绿色的光最不需要!看来,科学家的直觉也不都是正确的。

　　叶子都是绿色的吗?也不是。我们都知道北京有"香山红叶"一景,还有鲜红的加拿大的枫叶等,证明叶子也有红色的。事实上,叶子的颜色也是丰富多彩的,大多数植物的叶子在其寿命的不同阶段有不同的颜色,如新长出的叶子水分充足,颜色大多是嫩嫩的黄绿色;长成了的叶子坚韧厚实,颜色一般是比较深的墨绿色;叶子衰老了或经历了霜雪、干旱等大自然的洗礼后,会造成大量叶绿素分解,从而使叶子显现枯黄、灰褐、鲜红等颜色;还有一些叶子生来就具有与众不同的颜色:肺草的叶子生满了斑点,好像是翠绿的叶子上溅满了浅绿色的浆汁;喜阴花的叶子则像被人拿脏东西抹了一下一样,中间凹陷的地方还保持着正常的绿色,四周鼓起的地方则是颜色很深的墨绿色;斯里兰卡肉桂树的叶子,只有叶根处还保留着绿色,其余绝大部分却变成鲜艳的紫红色了……

　　植物的叶子和绝大多数生物一样有着一定的寿命,不能无限期地生存下去;在寒暑分明的地区,绝大多数植物的叶子会在春天萌发,到秋冬谢落。在干湿季节分明的地区,植物的叶子就随雨季的到来萌生,随旱季的降临枯落。有些植物是终年常绿的,像针叶树和热带地区的植物,它们的叶子会不会长生不老呢?也不会,这些常绿植物的叶子也一样有自己的生命周期,不过它们不会按季节成批枯落,而是随时悄悄地退下阵地,只是不那么引人注意罢了。虽然如此,植物的叶子寿命还是有长有短的,一般沙漠里应雨而生的植物叶子寿命较短,只有短短的几天时间;而同样生长在干旱的荒漠地区的植物千岁兰叶子寿命最长,它们在一生中从不更换叶片,有的寿命可达千年。

水的作用

人们常说,水是生命的源泉,水是植物体重要的组成部分。一般来说,草本植物的含水量为70%~85%,木本植物的含水量稍低些,而水生植物的含水量则可达鲜重的90%以上。

不仅如此,由于植物的生长过程中有水的蒸发,植物的一生还要消耗掉大量的水分。根据一些农业学家的计算,一株玉米一生要消耗掉大约200千克水,而小麦每生长0.5千克干物质大约需要150~200千克的水。如果小麦亩产2000千克干物质(将麦粒、茎、叶、根晒干后的总和),则每亩小麦需要60~80万千克水。可以简单地推测,一株几十米高的大树一生所需要和消耗的水当然要比一株玉米和小麦要多得多,那么,一片森林呢?可想而知,地球上的植物对水的需要量是非常大的!

每当夏天,烈日当空,或者田间久旱无雨,我们常常会看到作物、瓜类、蔬菜的茎、干、叶子软软的垂下,这说明,强烈的蒸腾作用和相对贫乏的水分补给,使植物的水分平衡受到了很大的破坏,使植物在外表上出现凋萎状态。由此也可以看出,植物的一切正常的生命活动,只有在细胞含水量得到一定保证的情况下才能进行;否则,植物的正常生命活动就会受阻,甚至停止。

水对植物这么重要,那么,水在植物体内是如何存在的呢?水分对植物又究竟起什么作用呢?

科学家们通过研究发现,水在植物体的细胞中通常有两种存在状态,一种是束缚水,一种自由水,这两种状态的存在与原生质有着密切的关系。

原生质是细胞的重要成分,它的化学成分主要是一些蛋白质。蛋白质分子像磁铁一样有两个极,一个极是疏水性的,另外一个极是亲水性的,蛋白质在原生质中是这样存在的:它的疏水性的一端包在蛋白质分子内部,而亲水性的一端则暴露在外面。由于亲水的一极对水分子有很强的亲和力,使得一些水分聚集在它们周围而不能自由移动,这些水就成为束缚水。水分是细胞原生质的主要成分,在原生质中的含量一般达70%~80%。这些水被束缚于细胞内部,不能自由流动,因而不能参与植物的各种代谢作用。

但是,植物的代谢中也需要水分作为反应物质,比如植物的光合作用、呼吸作用、有机物质的合成和分解等都需要水分参与;水分还是植物对物质吸收和运输

的溶剂。一般说来,固态的物质不能被植物直接吸收和输送,只有在溶解于水中之后,才能随水分一道被植物体吸收和在植物体内运输;此外,植物还需要水分以保持固有的姿态,使植物的枝叶挺立,便于充分接收阳光和气体交换;更重要的是,水分还是使花朵开放,是让植物传宗接代的功臣。

参与和完成植物以上各项代谢作用的水与束缚水不同,它们可以在植物体中自由移动,因而被称为自由水,一般来说,植物体中自由水占总含水量的百分比越大,则植物的代谢作用就越旺盛,植物的光合作用就越活跃、生长的速度也就越快。

由于水分在植物生命活动中的重大作用,植物中水分含量的变化会密切影响植物正常的生命活动,影响植物水分供需平衡的一大因素是水分不足,即干旱。干旱分为大气干旱和土壤干旱两种。大气干旱是指由于大气的温度高而相对湿度低,蒸腾作用过于强烈造成的干旱状态;土壤干旱则是因土壤中缺乏植物能吸收的水分而造成的。当植物遇到干旱时,植物体内的水分消耗会大于水分吸收,这就会使得植物组织内出现水分亏缺。植物在水分亏缺严重时,叶片和茎的幼嫩部分下垂,呈现萎蔫状态,就是我们常说的"打蔫了"。如果萎蔫是因为蒸腾作用强烈、水分暂时供应不及时造成的,到了夜间,由于蒸腾下降,而植物继续吸收水分,水分亏缺被消除,即使不浇水也能恢复原状,这种就叫做暂时萎蔫。如果土壤中已无可供植物利用的水分,虽然在夜间蒸腾可以降低,但是仍然不能消除水分亏缺而恢复原状,就成为永久萎蔫。永久萎蔫会造成植物生长缓慢、作物减产,如果持续的时间过长,则会导致植物死亡。

水少了不行,如果水多了行不行呢?也不行。水分过剩是另一个影响植物水分供需平衡的因素,即湿害。一般旱田作物在土壤水分饱和的情

况下,就会发生湿害。湿害能使许多植物生长不良。因为土壤中全部空隙充满水分,土壤中缺乏氧气,植物的根部呼吸困难,阻碍了植物吸收水分和其他营养;另外,缺氧还会对土壤中存在的两大类细菌——好气性细菌和嫌气性细菌的平衡产生巨大影响,这种平衡的打破对植物生存的影响是巨大的。一般来说,土壤中氧气充足时,好气性细菌如氨化细菌、硝化细菌等生存活跃,它们会将土壤中一些不易溶于水的物质转变成可溶于水,为植物提供急需的养分。而当土壤中氧气不足时,嫌气性细菌如丁酸细菌就会取代好气性细菌成为活跃分子,不但会增大土壤溶液的酸度,影响植物对营养物质的吸收,还会产生一些有害的产物如硫化氢等直接毒害植物的根部;如果地面积水,淹没了作物的一部分或全部,就会发生涝害,涝害会使植物缺氧,抑制植物的有氧呼吸,使植物不得不进行无氧呼吸,这一方面会造成酒精积累,直接毒害植物细胞,另一方面还会使分解大于合成,令植物处于饥饿状态,涝害轻则造成作物生长不良,严重的也会造成植物的死亡。

至此,我们可以得出这样一个结论:水分对于植物的生长和发育有最高、最适合最低三个基点。低于最低点,植物萎蔫、生长停止、甚至枯萎死亡;高于最高点,根系缺氧、植物窒息、烂根,也会死亡;只有处于最适范围内,植物的水分才能维持平衡,植物才会有最优的水分生长条件。

土壤与植物

有了合适的水分条件,植物就可以很好地生长了吗?不行。经验告诉我们,植物的生长还需要有土壤。我国是最早意识到植物对土壤有依赖性的国家,素有"万物土中生"之说。早在距今两三千年以前,我国就设立了专门的官员,他们的职责就是仔细考察辨别各种土壤的特性和适宜的作物,以作为指导农业生产的依据。

土壤对植物的影响为什么那么大呢?科学依据是什么呢?

1699年,英国人伍德沃特做了一个试验,他分别用雨水、河水、山泉水以及加了土的水培养薄荷,结果发现,植物在加土的水中生长得远比在单纯水中好。据此,他下结论说,植物不仅需要水,也需要土壤中的一些特殊物质。

1804年,瑞士的索修尔也做了一个有趣的实验:它将植物的种子浸在蒸馏水中,种子也会萌发,但生长出来的植株不久就会死亡,而且其总的含灰量一点儿也没有增加;但同样用蒸馏水,若将正常植物燃烧后所留下的灰分加入到其中,植物便可以正常生长。他的实验证明,在植物燃烧后的灰分中,有些物质对植物生长是非常必要的。

1840年,德国的李比西吸取了前人的成果,经过研究建立了矿质营养学说。什么是矿质呢?将植物烘干,充分燃烧,植物身体中的许多东西化作气体跑掉了,余下的一些不能挥发的残烬称为灰分,那就是矿质。由于矿质元素大多以氧化物的形式存在于灰分中,所以这些元素又称

为灰分元素。植物体中的氮元素在燃烧中会散失，不会存在于灰分中，所以氮不是矿质元素。但植物中的氮大多数和矿质元素一样，是植物从土壤中吸取的，所以科学家就把氮和矿质元素放到一起研究。

正如植物的含水量变化幅度很大一样，植物的灰分含量也受到许多因素的影响，例如植物的种类、植物的环境、植物所处的不同的年龄阶段等都会影响植物的灰分含量。一般水生植物含灰量只有干重的1%左右，大多数中生植物约含5%~15%，盐生植物最高，有时可以达到45%以上；植物不同的器官、不同的组织所含灰分是不同的，如草本植物的茎和根为4%~5%，叶子则能达到10%~15%，木材约为1%，种子能达到3%；植物的老年植株灰分含量要大于幼年植株，老细胞灰分含量要大于幼细胞灰分。

虽然灰分含量一般只占植物体干重的百分之几，但其成分却是非常复杂的。现在，人们在植物体中发现了至少60种元素，其中比较普遍而且含量多的只有十多种，在这几十种元素中，有些在植物体中大量积累，需要量比较大一些；有些元素在植物体内虽然相对较少，却是植物绝对必需的，没有了它植物就不能正常发育。

怎样才能确定哪些元素是植物所必需的、哪些不是必需的呢？科学家们采用了两个比较巧妙的办法，一个就是溶液培养法(或水培法)，就是在含有全部或部分营养元素的溶液中栽培植物；另一个叫做矿基培养法(或砂培法)，是用洗净的石英砂或玻璃球等，加入含有全部或部分营养元素的溶液来栽培植物。这样，人们就可以在人工配制成的混合营养液中试着加入或不加这种元素，然后再观察植物的生长发育和生理状况的变化。如果除去培养液中某种元素后植物仍能够正常发育，说明这种元素不是该植物生长所必需的；如果除去某种元素后植物生长发育就不正常，而补充该元素后植物又可以恢复到正常状态，那就可以断

定这种元素是该植物生长发育所必需的。

借助于溶液法和砂基培养法,科学家们很早就已经证明钾、钙、镁、铁、磷、硫、氮等 7 种矿质元素是植物所必需的,加上空气中的二氧化碳和水中的氢、氧等 3 种元素,植物必需的元素共有 10 种。后来,随着技术的改进和化学药品更加纯净,人们又证明锰、硼、锌、铜、钼和氯等 6 种元素同样是植物生长发育所不可或缺的,这样,植物生长发育所必需的元素就扩大到了 16 种。由于植物对铁、硼、锰、锌、铜、钼和氯这 7 种元素需要量极微,而且这些元素在周围环境中的含量稍多就会给植物造成毒害,因此这七种元素被称为微量元素;另外 9 种元素(碳、氢、氧、磷、钾、钙、镁、氮、硫)植物的需要量相对较大,因此人们称它们为大量元素。

世界上的大多数土壤中都存在植物所需的这些矿质元素,所以植物在生长时不会遇到"饥荒",但也有特殊情况,土壤中某些矿质元素的含量不够或缺乏,这时植物就会生病。

那么,植物为什么需要这些元素呢?这些必需元素在植物体内究竟起什么样的作用呢?原来,在这些必需元素中,一部分元素是构成植物的细胞所必需的,是植物细胞的组成成分;一部分对植物的生命活动起着调节的作用,许多酶的活动需要它们的参与;还有的是这两者兼而有之。例如,氮是构成蛋白质的主要成分,而在细胞质和细胞核中都含有蛋白质,由于氮在植物的生命活动中占有首要地位,因此又被称为生命元素。植物缺氮时病症常遍布整个植株,植株浅绿、基部叶片变黄、干燥时呈褐色、茎短而细;再如铁,它是酶的重要的组成部分和合成叶绿素所必需的,是叶绿素合成的先决条件,华北果树曾经出现的"黄叶病"就是植物缺铁所致,植物缺铁时首先损害到的是幼嫩的叶子,因为铁进入植物体后变为固定状态,不易转移,老叶中含有铁,不会轻易受害,所以会保持绿色,但是老叶中的铁无法传递到新叶中,所以新叶便会缺铁,叶绿素的合成受到抑制,使得嫩叶变黄;镁是一种活化剂,它可以活化植物呼吸作用过程中的一些酶的活性。没有镁,这些酶就没有催化活性,这将导致植物体出现各种各样的症状。此外,镁也是叶绿素的组分之一,缺乏镁,叶绿素就不能合成,结果将导致绿色植物叶子叶脉之间的部分变黄,有时还会出现红紫色;若缺镁严重时,则会形成褐斑坏死;植物如果缺之必需元素钙时,其顶芽会坏死,嫩叶产生变形,开始时呈弯钩状,后来从叶尖和叶的边缘逐渐向内坏死等等。

既然矿质元素缺乏会导致植物生病,那就多多给它们供应这些元素行吗?不行,因为如果矿质元素过多,也会产生毒害,从而使植物生病,出现人们经常听说的"烧苗"现象,反而会使作物的产量下降,甚至使作物大面积死亡。

土壤还是大多数植物的生存方式所必需的。我们知道,陆生植物绝大多数要把它的枝叶伸向空中,以便充分利用空气和阳光,而植物要想站立起来,就必须使自己扎根于土壤、深植于大地上。另外,植物没有腿,自己不会走,是不能自主选择生存地域的生物,如果不能利用扎根的方式使自己定植,它就很容易被风吹走、被水冲走,转移到并不是很适合自己生存的地方。

土壤不但是提供给植物矿质营养的载体,也是提供给植物水分的介质,又是植物生存方式的必需,看来,土壤对自然界的绝大多数植物来说还真是必不可少的呢!

植物与太阳

俗话说："万物生长靠太阳。"为什么呢？因为在我们这个美丽的星球上，只有有阳光的地方才会生长着欣欣向荣的绿色植物，而在黑暗的角落，人们甚至连最低等的植物也很难找到。因此，在一定程度上可以说，光决定着绿色植物在地球上的分布。阳光里到底有什么东西那么珍贵？那么令植物必不可缺？原来是因为太阳的光线中含有我们看不见的东西——能。

绿色植物要生存，繁衍，就必须进行新陈代谢，而要进行新陈代谢就必须利用能量，这个能量就是从自然界中最常见的、最普遍的太阳光中获得的。植物正是利用阳光提供的能量，来完成自然界中最伟大的合成作用——光合作用。

事实上，由于经过长期对生存环境的适应和进化，不同的植物对光的要求也不同。有很多植物只有在较强的光照下才能健壮生长，在阴暗

的地方则会发育不良、生长缓慢,这类植物人们叫做阳生植物。我们所见到的许多高大乔木都是阳生植物,例如松、杉、杨、柳、桦、槐等。它们为了获得充足的阳光照射,都努力向空中伸展身姿,接受阳光的洗礼。此外,一般的农作物也都是阳生植物,例如我国北方农民普遍种植的小麦、玉米、棉花等等。阳生植物大多生长在空旷的地方,它们的枝叶一般较疏松,透光性比较好;植株的开花结果率也比较高,生长快。还有,阳生植物的叶片质地较厚,叶面往往有角质层或蜡质层用来反射光线,以避免特强光线的损伤。

它们的气孔通常小而密集,叶绿体个头小,但是数量很多。尤其有趣的是,阳生植物,叶部的叶绿体在细胞中的位置是可以改变的!当光照过于强烈时,叶绿体就会排列在光线射来的平行方向,以减少强光的伤害;当光照较弱时,叶绿体的排列又可以与光线射来的方向成直角,以增强照射在叶绿体上的光照强度,进行有效的光合作用。你看,小小的绿色的叶子也有着自己生存的智慧呢!

还有一些植物则喜欢生长在光线较弱的地方,它们在弱光下反而比在强光下生长发育得更好,对应于阳生植物,这样的植物就被人们叫做阴生植物。森林中高大树木下生长的许多草本植物、蕨类植物、药用植物以及山毛榉、红豆杉等等,都是阴生植物。当然,称它们为阴生植物,并不是说这类植物对光照的要求越弱越好,它们对弱光的要求也是有一个最低限度的。如果光照低于这个限度,这类植物也不会进行正常

的生长和发育，所以阴生植物要求较弱的光照强度也仅仅是相对阳生植物而言的。阴生植物的叶片大都比较平展，叶的上部接收的阳光比较多，叶子上面的颜色较深。阴生植物的叶镶嵌现象特别明显，叶柄有长有短，叶形有大有小，每一片叶子都能充分利用空间，以便更充分地利用阳光。对于这些植物而言，如果光照过强，就会出现植株生长缓慢、叶片变黄、严重时叶子甚至会出现"灼斑"，影响这类植物的生存。因此，在引种这类阴生植物时，如果环境光照较强，就必须采取遮蔽措施来减少植物受到的光照，以保护植物顺利生长。

光照对植物的开花也有很重要的影响。科学家们认为，日照强度对植物的开花有决定性的影响。有些植物开花需要较长时间的日照，这样的植物叫做长日照植物，例如作物中的冬小麦、大麦、菠菜、油菜、甜菜、萝卜等；有些植物需要较短的日照长度才会开花，这样的植物类型叫做短日照植物，常见的这类植物有苍耳、牵牛、水稻、大豆、玉米、烟草等。

利用光对植物开花作用的机理，园艺师们就可以通过人为的延长或缩短日照时间，促使植物在我们需要的时间开花。举一个简单的小例子：大家经常见到的植物菊花是一种典型的短日照植物，一般都是在秋季才开花的。现在，人们经过人工处理(遮光成短日照)，在六七月份也可以让菊花开出鲜艳的花朵来。如果人为的延长光照，还可以使花期延后，让我们在寒冷的春节欣赏到刚刚盛开的美丽的菊花呢！

植物与温度

我们知道,人和许多动物都有一个大致稳定的体温,植物也有体温吗?科学家研究的结果表明,植物体和人体一样,其本身也是有一定温度的。但与人体的温度基本维持稳定不同,植物体的温度通常接近于大气温度(根的温度接近于地温),并随环境温度的变化而变化。当植物温度低于外界环境温度时,它就会吸收大气中的热量或吸收太阳辐射能,使自己的体温升高;当植物体的温度高于气温时,植物就会利用蒸腾作用和对光线的反射来使体温降低。

在植物体中,植物的各部分的温度并不总是相同的。以对温度反应最为敏感的叶片为例:白天因为受太阳的照射,在强烈阳光的照射下,叶温可以高出气温10℃以上;到了夜间,植物的叶片温度就会比气温低,特别是叶缘和叶尖部分,表现得更为明显。

植物的呼吸作用也能放出一部分热量,这会影

响植物的体温吗？一般不会。因为植物的呼吸作用释放出的热量很少，而且很快就散失到大气中去，只有一些特殊的植物在特殊的时期才会有所不同。例如王莲、天南星等大型花卉，在合适的条件下能进行强烈呼吸，以至于引起植株体温明显升高。植物的体温严重依赖于环境温度制约了植物的分布地域，使得大多数植物只能在它们熟悉的温度带里生存、繁衍。在隆冬季节，如果人们将一株香蕉从风和日丽的海南岛带到冰天雪地的黑龙江，并且没有采取任何保护措施，毫无疑问，这株香蕉肯定会变成一个"大个冰棍"，死得惨不忍睹。同样，如果我们将北方栽种的苹果移栽到了海南岛等热带地区，如果没有采取正确的措施，苹果也不会正常开花结果。

植物对温度变化的适应能力是不同的，不少植物能在较宽的温度范围内生活，即能适应较大的温度变动。例如松树、桦、栎等植物，能在零下5~55℃的温度范围内生活，这类植物人们称之为广温植物；还有一类植物只能生活在很窄的温度范围内，不能适应较大的温度变动，这类植物就被人们称为窄温植物。窄温植物对温度的要求很严格，它们必须生活在特定的温度条件下才能正常生长发育。如在低温环境中生存的雪球藻，只能在冰点范围内发育繁殖；而喜欢高温的椰子、可可等植物，只分布在热带高温地区。典型的热带植物椰子，在海南岛南部就能生长旺盛、果实累累；但到了海南岛的北部果实就会变小、产量显著降低；如果移栽到了广州，这种植物不仅不能开花结实，而且还不能存活。因此，椰子对温度的要求非常苛刻。

一般来说，短期的高低温对植物的影响并不是很大，很多植物是可以忍受的。但是，如果超出正常温度的时间一长，植物就会受到伤害，特别是含有水分较多的植物更是如此。例如仙人掌，在0℃以下几个小时都没有影响，但是低温延长到十几个小时以上时，仙人掌就会受害致

死。

　　当然,温度的超常变化并不总是对植物起破坏性作用,有些起源于北方或者高海拔地区的植物,植株或种子还必须经过一定时间的低温刺激后,才能正常发芽、生长、开花结果。以冬小麦为例,只有在经过冬天的低温后,冬小麦才能正常地开花结果,否则就不能顺利地结出正常的种子。再如牡丹、芍药等植物的种子,其胚芽有进行休眠的特性,必须经过5℃以下的低温刺激后才能生长出土。因此,这些植物的种子,秋季采收后如果放在干燥的室温中保存,第二年春季播种后就会只能长根,而不发芽、不出土。所以,这类植物的种子必须秋天就播种,或经过沙藏低温处理,让胚芽经受冬季的低温刺激,这样才能正常发芽生长。

　　植物不仅在生长发育上对温度敏感,在产品质量上与温度也有很大的关系。例如果树,在果实成熟期内如果有足够的温度,果实的含糖量就高,味道就更甜,果实颜色也更好看;反之,如果温度不足,就会造成含糖量降低,酸度增加,香味减少,品质就会下降。因为在果实成熟期,足够的温度能促进果实的呼吸作用,使果实内过多的有机酸加快分解和氧化,降低果实内有机酸的含量。在我国,四川、湖南、湖北等省所产的柑橘,因成熟时温度较低,就要比温度高些的广东所产的柑橘含酸量高。又如我们经常见到的葡萄,在果实成熟期内如果温度较高、空气较为干燥时,其果实品质也就会好;当温度低于16℃时,果实就会成熟得很慢,含酸量高而含糖量低。新疆吐鲁番的葡萄闻名遐迩,就是因为在葡萄成熟的季节,吐鲁番盆地的白天气温高、光照强,而且昼夜温差比较大,常常在10摄氏度以上,所以果实含糖量高达22%,甚至还要高。但是,如果果实成熟期温度过高,也会对果实的品质产生不利影响,一般会使果实变小、果实成熟期不一致、果肉发绵、香味减少,颜色也不那么鲜艳了,而且果实中维生素C的含量也会降低,品质当然就会下降

很多。因此,在引种作物和进行农业栽培规划时,必须注意植物与温度的关系。

虽然温度能限制植物分布,但也是相对的。人们通过利用植物对温度的适应性,对植物逐步进行"抗寒锻炼"或"抗热锻炼",再加上一些其他的辅助措施,就能使植物突破原来的惰性,高高兴兴地迁移到新的环境中去。在我国,"北种南移"和"南种北移"的工作已经部分获得成功。如水稻原产亚洲热带,现在已经栽种到我国最北部北纬53度以上的地区;黄瓜原产印度热带,西瓜原产南非热带,苦瓜、南瓜来自亚洲热带,现在都早已在我国大江南北各地正常生长。在我国科技人员的共同努力下,"柑橘北上,苹果南下"的梦想也已经成为事实。也许有一天,南方的荔枝也能在北方普遍栽种,到那时候,我们就再也不必再让荔枝睡在冰水里,辛辛苦苦地"长途跋涉"来供应北方市场了。

植物与养分

我们人类是吃粮食长大的,那么,植物生长是不是也需要"粮食"呢?答案是肯定的。而且,植物的"粮食"还不用像人类一样费工夫去制造和寻找,因为它就在我们周围无所不在的空气当中。

地球周围围绕着一层厚厚的大气,这就是我们周围的空气。空气里主要有什么呢?科学家分析后发现,空气中78%的成分是氮气,21%的成分是我们呼吸所需要的氧气,还有约0.027%的成分是二氧化碳,其余的就全是一些含量非常微小的气体了。二氧化碳气体的含量在空气中是第三多,它就是绿色植物生存必不可少的"面包"。

二氧化碳含量才0.027%,那么多绿色植物,够"吃"吗?别担心,虽然才0.027%,但由于空气的总量非常巨大,算起来二氧化碳的数量也就很大了。自从植物勇敢地走出海洋登陆以来,已经有多少亿年了,植物一直不断地"吃"着这样的粮食,但大气中的二氧化碳含量并没有大的变化。

植物吸收了二氧化碳后会把其中的氧释放出来,而把其中的碳转化成自己身体的一部分,并固定下来。现在,地球上的陆生植物(主要是森林)每年仍能固定数以亿吨的碳。据计算,仅地球上的森林所含的碳就约有4000~5000亿吨,假如树木平均年龄为30年,每年就有大约150亿吨的碳就是被树木从二氧化碳转化成了木材,供给人类生活建设所用。

但空气中植物所需要的成分可不止是二氧化碳,含量最多的氮也是植

物、动物乃至一切生物所必需的。植物所需的氮一般是通过吸取氮的化合物来获得的,因为植物大多没有直接从空气中获取氮的本领,那么,植物就没有办法利用空气中的氮了吗?当然有办法,因为有的植物可以开设"地下氮肥厂"。

　　在自然界中,存在着这样一种奇特的现象:在许多高等植物的根中,经常会有细菌和真菌共同生活在一起,它们相互依存,联系密切,在许多情况下可以称之为"相依为命",这种现象就叫做共生。共生是植物与植物以及植物与微生物之间长期相互适应的结果。当你走在大豆田里,满眼绿油油的一片,随风摇曳,真的很惹人喜欢。拔出一棵大豆,你就会发现在大豆的根上有许多小圆球,用手使劲挤压一下,小圆球还会有许多液体流出来。这些奇怪的小圆球是什么呢?它们就是我们所说的"地下氮肥厂"——根瘤,也是植物界中最常见的一种共生现象。

　　豆科植物的根也会和人一样得"肿瘤"?别害怕,肿瘤对人类来说在许多情况下都是非常有害的,甚至是致命的,但是豆科植物根上的这种"肿瘤",对豆科植物来说却是有益无害的。

　　豆科植物的肿瘤一般总是生长在根上的,所以人们顾名思义称之为根瘤。根瘤并不是植物本身先天所具有的,而是由于土壤中的根瘤细菌侵入植物根部而生成的。不同的豆科植物,它们能生成的根瘤的形状也不一样:大豆的瘤是圆形的;豌豆的瘤是椭圆形的;苜蓿的瘤是手指状,还有分支。不同植物的根瘤颜色也不尽相同:有褐色、灰褐色和红色。

　　尽管根瘤的性状不同、颜色各异,但内部的基本构造却是一样的,它们都是植物为根瘤菌"建造"的"安乐窝"。

　　根瘤细菌有很多种,常见的根瘤细菌大多专门浸染豆科植物的根,而且不同的根瘤细菌会选择不同的豆科植物作为伴侣。根瘤菌自身身体极小,宽只有 0.5~0.9 微米,身长不过 1~3 微米。它们的模样也不全相

同,有的像根短棍,有的像个圆球。在没有找到寄主之前,根瘤菌在土壤中呈短杆状,有鞭毛,过着腐生和寄生的"懒散"生活。它们自己不劳动,仅仅靠一些腐烂的植物的根、茎、叶供给其自身发育和繁殖的营养。当豆科植物在土壤中开始生长以后,它们的根部会分泌一些物质,根瘤菌一见到这些物质便纷纷聚集过来,在豆科植物根的周围大量繁殖,有的还钻到豆科植物根部表皮的里边去。豆科植物的根细胞受到这些根瘤菌的刺激就会发生分裂,使皮层细胞不断增多、细胞变大,然后就形成了许许多多凸起的瘤状物。

根瘤菌进入豆科植物根部以后会大量繁殖,同时在形体上也会发生很大变化:鞭毛失去了,形状也不规则了,体积也比在土壤中过流浪生活时大了几十倍。随着自身在形体上发生的变化,根瘤菌的机能也发生了变化,它们抛弃了过去靠腐生和寄生生活的"懒散"习惯,变得又勤劳、又能干,还学会了新本领——能固定、摄取空气中的氮。

根瘤菌在植物中定居下来以后,大豆会把由根部吸收来的水、无机盐以及由叶子制造的有机物质免费供应给它们,作为它们制造养料时所需要的物质和能源;而根瘤菌则发挥它本身的特有的优势,依靠体内特殊的固氮酶,把空气中的分子态的氮加工成氨和氨态化合物,为大豆免费提供氮肥。你看,豆科植物有了根瘤菌这个好朋友,不就等于有了一座私家独享的"地下氮肥厂"了吗?

根瘤菌与大豆配合得很默契,它们亲密合作,互相帮助,互通有无,过起了共同的生活,这种相互合作的关系会维持很长一段时间,一直到豆子成熟时才宣告结束。等到来年,新的豆科植物在被种植时,它们还会再重复以前的故事。

根瘤菌为什么能固氮呢?在工业化生产氮肥时,人们使用铁做催化剂,还必须在高温、高压条件下才能合成氨。当然,根瘤菌是不可能制造

出这种条件的,它们另有高招。在根瘤的发生过程中,根瘤菌的细胞内会产生多种与固氮相关的酶。这些固氮酶是一种生物固氮催化剂,在常温常压下就能够催化氨的形成,固定氮素。不过,根瘤菌的固氮酶固定氮素有一个非常重要的前提条件,那就是必须保证严格无氧的条件,这就难怪有益的根瘤菌只生长在地下了。

根瘤细菌在空气中获取的氮素一般会有三种用途:一部分供给根瘤细菌自身生活的需要;一部分供给豆科植物的生活需要;还有一部分会随豆科植物的根系遗留在土壤里,可以提高土壤肥力。

从豆科植物开花到籽粒成熟这段时间,是根瘤菌固氮活性最高的时期,这时的固氮量占根瘤菌一生固氮量的80%。据科学家测定,一亩大豆的一生中,与它共生的根瘤菌能固定空气中的氮6.75千克,折合硫酸铵33.75千克。你看,根瘤菌的固氮本领有多大啊!豆科植物一生中积累的氮素,约有2/3是由根瘤菌固定的。地球上所有生物每年固定的氮素约为1亿吨,而与豆科植物共生的根瘤菌的年固氮量就有5500万吨,占地球上所有生物固氮量的一半以上。这个数字相当于含氮量为21%的化肥硫酸铵26190万吨,如果用设计年产量为100万吨硫酸铵的化肥厂来生产这些氮肥,那么至少需要兴建261个。可以设想,根瘤菌为人类节省了多少资金开支、节约了多少能源。由此看来,人们把豆科植物的根瘤比作"氮肥加工厂"是完全有道理的。

正是因为根瘤菌有这么大的固氮本领,所以人们对豆科植物根上的肿瘤从来就没有医治过,而且不但不医治,还采用接种等方法,在土壤中大量繁殖根瘤细菌,促使豆科植物与根瘤菌密切合作,形成大量根瘤,以利豆科植物的生长,获取豆科作物的高产。

在农业生产中,人们为了满足农作物对氮素的需要,通常采取的措施就是施加氮肥。但氮肥的生产会耗费资源、增加污染,化肥施用多了

还会使土壤板结、酸化,破坏宝贵的土地资源。空气中有78%是氮气,如果所有的植物都能够利用空气中的氮气,那该有多好啊!随着基因工程学的迅速发展,科学家已经能够把根瘤菌的固氮基因转移到其他细菌身上。现在,日本的科研人员已经从土壤中分离出固氮菌,并把它们成功地转接到无菌水稻的根部,通过感染实验,发现可产生固氮能力。此外,通过杂交改良,将来也有可能培育出具有固氮能力的新品种,到那时,水稻、玉米,甚至有更多的农作物将加入固氮植物的行列,能够自己固氮,人们就可以少施用甚至小施用氮肥,人们再也不用担心因为施用氮肥而引起环境污染和资源破坏了。这样不仅可以减少投资,还可以获得农业丰收呢,这将是一个多么美好的前景啊!但愿在不久的将来就可以实现。

空气不仅为植物提供了赖以生存的食粮,还对植物的生态作用起着举足轻重的影响。空气的流动就是风,风对植物的作用是多方面的,它能直接或者间接地影响植物的生长和发育。强风能降低植物的生长量。有实验证明,风速在每秒10米时,树木的高度生长量要比风速每秒5米时少1/2,要比无风时少2/3。一般来说,随着风速的加大,会引起植物的叶面积减少、节间缩短、茎的总量减少,造成植物矮化。强风还能造成畸形树冠。在盛行一个方向强风的地带,植物常常都长成畸形:乔木树干向背风方向弯曲,树冠也向背风方向倾斜,形成所谓的"旗形树"。这是因为树木向风面的芽由于受到风的袭击,遭到机械摧残和因水分过度蒸腾而死亡;而背风面的芽由于受风力较小,成活较多,枝条生长较好。因此,向风面不长枝条,或者长出来的枝条受风的压力而弯向背风面,这些都严重影响植物的生长。在强风区生长的树木,一般都有强大的根系,以增强植物的抗风力,否则就要"躺倒休息"了。此外,风还可以帮助某些植物传播花粉,是它们传宗接代必不可少的护理员。

植物的呼吸

我们常称动物的呼吸为"吐故纳新",植物也会呼吸吗?当然同动物一样,植物也要通过呼吸作用将植物体内的某些有机物质进行分解,释放出供给植物各项生理活动所需要的能量,并在此过程中合成新的生命物质。植物的呼吸作用根据需要氧的参与与否,可以分为有氧呼吸和无氧呼吸两大类,这是与动物的呼吸不同的。

有氧呼吸,顾名思义就是需要氧气参与的呼吸作用,其主要特点是吸进氧气,氧化分解有机物而释放二氧化碳。

如何证明植物会做有氧呼吸呢?让我们来做一个小实验:随便摘几片叶子,把它们装到一个瓶子里面,然后将瓶子密封,并放到一个阴暗的地方。隔一夜以后,打开瓶塞,向里面倒一点澄清的石灰水,摇动几下,结果会怎么样呢?澄清的石灰水变得浑浊了。奇怪,这是什么原因呢?原来,澄清的石灰水里含有很多氢氧化钙,这种物质有个特点,只要遇到二氧化碳,它就会

和二氧化碳起化学反应,并生成一种叫做碳酸钙的白色沉淀物,使石灰水变得混浊。这个现象说明,瓶子里面产生了许多二氧化碳,比大气中的比例大多了。如果我们再将一根燃烧的火柴伸到瓶子里面,火柴很快就熄灭了,这说明,瓶子里面缺少了支持燃烧的物质——氧气。

这个小实验很简单,但足以证明植物的有氧呼吸是和动物一样吸收氧气、放出二氧化碳的。长期贮存菜或甘薯的地窖里,由于蔬菜或甘薯的呼吸作用,会使得地窖中的二氧化碳的浓度大大升高,氧气的浓度大大降低。如果人贸然进入地窖就会发生窒息晕倒,严重的会导致死亡。因此,在进入这些地方之前,要先用一支点燃的蜡烛或小灯放到地窖中试验一下,如果蜡烛或小灯很快就熄灭了,则千万不要进去,一定要通风一段时间以后,继续检验,没有问题再进入这些地方。

植物的另外一种呼吸作用就是无氧呼吸。无氧呼吸就是植物的细胞在无氧的条件下,把一些有机物分解为不彻底的氧化产物,同时释放出能量的过程。一般来说,高等植物的无氧呼吸都会产生一些酒精、乳酸等代谢物。比如苹果放的时间久了,内部果肉部分就会有酒味,这就是苹果因有氧呼吸产生酒精造成的。相类似的,马铃薯块茎、甜菜块根、胡萝卜和玉米胚等,在进行无氧呼吸后则会产生乳酸。

在无氧条件下,高等植物可以进行短期的无氧呼吸,以适应不利的环境条件,比如熬过水淹等灾害。但是,如果植物缺氧时间过长,不但无氧呼吸所产生的酒精和乳酸会对植物体造成毒害,而且植物生长的能量也会供应不足,这将使得植物体内部的分解大于合成,导致植物因饥饿致死。所以,植物的无氧呼吸只是植物适应严酷的自然环境的权宜之计,有氧呼吸才是植物进行呼吸作用的主要方式。

我们通常所说的呼吸作用(包括有氧呼吸和无氧呼吸)在光下和暗处都能进行,人们通常称之为暗呼吸。20世纪60年代,科学家们发现,

植物体内还存在着另外一种"呼吸作用",这种呼吸作用只有在光照下才能进行,因此被形象地称为光呼吸。光呼吸现象在所有的高等植物中都存在,它把光合作用过程中产生的部分有机碳转变为二氧化碳,并把这些二氧化碳重新释放出去。光呼吸的存在在某种意义上来说是一种浪费,因为光呼吸整个反应的许多过程都是消耗能量的,而且它还能影响二氧化碳的固定速度。目前,光呼吸的作用机理已经被科学家搞明白了。原来,它主要是消耗了绿色植物叶片在光照下形成的乙醇酸这种物质。从乙醇酸的合成,到乙醇酸被氧化,形成二氧化碳再释放出去,这是一个相当复杂的过程,这一系列反应是在三种细胞器中完成的,它们分别是叶绿体、过氧化物体以及线粒体。

通过科学方法的测定人们已经知道,光呼吸所释放出的二氧化碳大约占整个光合作用二氧化碳固定量的 20%~27%,也就是说,它把光合作用所固定的四分之一左右的碳又变成了二氧化碳释放出去。植物做了极大的努力,将太阳光能转变为化学能,将二氧化碳合成为有机物,并将化学能储藏在有机物中。可是光呼吸却把植物辛辛苦苦积累的一

部分能量和有机物浪费掉了,这是为什么呢?有些人认为,光呼吸可以保护叶绿体,使叶绿体免受强光的伤害,不过并没有充分的证据来证实,所以,到目前为止,植物为什么会进行耗费能量的光呼吸还是一个令人费解的谜。

植物的呼吸作用是有热放出的,这是因为植物细胞分解有机物时,不能利用的多余能量就会以热的形式散发出来。如果把正在萌发的种子用棉布包起来进行隔温,那么,种子的温度就可以达到四十度以上,有许多种子也会因为温度太高而死亡。所以,刚刚收获的湿种子如果堆积在一起,就会因为温度升高而引起霉烂;新鲜的植株堆积在一起,时间较长时也会发生霉变;如果植株在晾干的过程中不彻底,植物体仍然有部分呼吸能力,那么,在长期堆积在一起以后,内部的温度就会升高很多,严重的话甚至可以引起植株自然燃烧。

其实,我们的祖先很早就认识到了植物的呼吸作用带来的后果,并在生产、生活中采取了正确的措施。例如早稻在浸种催芽时要用温水淋种和时常翻新,目的就是控制温度和通风,使呼吸作用能够正常进行;稻田的晒田、作物的中耕松土、黏土的掺沙等耕作方法,可以改善土壤的通气条件,使根系得到充足的氧气进行呼吸;刚收获的植物种子要摊成薄层,快速晾干,以免种子因呼吸作用温度升高而引起霉烂。

现在,人们更是主动利用植物的呼吸作用,让它为人类的生产、生活服务。如在粮食贮藏期间,人们应用通风和密闭的方式,或者在密闭的粮仓中充入氮气,以抑制粮食的呼吸作用;在储藏蔬菜、果实的实践中,人们发明了一种叫做"自体保藏法"的储藏方法,在密闭的环境中,利用果实、蔬菜呼吸作用放出的二氧化碳,使二氧化碳保持一个合适的浓度,从而抑制呼吸作用,延长贮藏时间。

植物的光合

如果没有绿色植物和它们伟大的工作,也许在我们这个星球上还不会有人类产生。绿色植物长年累月地吸收二氧化碳和水,利用源源不断的光能,进行着伟大的光合作用工程,生成有机物。这些有机物质是植物体生长发育和繁殖的基础,也为人类和其他动物提供了方便的食物和用品来源。

光合作用完成了光能向化学能的巨大转变,是地球上绝大多数生物生存、繁衍和进化的根本基础。曾经有人计算过,如果一个人能活到70岁,那他的一生中至少要吃进1万多千克糖类、1600多千克蛋白质和1000多千克脂肪。这么多食物都是直接或间接由绿色植物制造出来的。可以说,植物至少为人类提供了生存所需的80%以上的食物。

那么,植物是靠什么制造出这么多食物来的呢?答案并不复杂,就是靠绿色植物的光合作用。绿色植物是如何完成这个过程的呢?原来,秘密就发生在一个个奇特的"小厂房"里,这个"小厂房"就是植物叶肉细胞中的一种小颗粒——叶绿体。

你可别小看了这些微小的绿色颗粒,它们可都有着人类至今也不能模拟的神奇力量。大多数植物的叶肉细胞中都含有叶绿体,叶子最重要的机能——光合作用就是在这里进行的。植物的光合作用也就是绿色植物吸收太阳光能,在叶绿体中将二氧化碳和水转化成储存能量的有机物、并放出氧气的过程,是绿色植物转化太阳能的独特的生理功

能。植物通过这个光合作用产生的有机物主要是碳水化合物,这也就是农业生产中提供给我们食物的初级形式。

神奇的绿色工厂所使用的原料不过是普通的水和空气中到处都有的二氧化碳,所用的能源是太阳无私赠予的光,所生产的产品则是我们呼吸必需的氧和动物必需的有机物。

我们说水和二氧化碳是绿色工厂的原料,这有什么证据呢?

要证明二氧化碳是工厂的原料,做一个简单实验就可证明:选取两盆花,在暗处放一到两天以后,各自移放到一个玻璃罩内。用化学药品将第一个玻璃罩内原有的二氧化碳吸收干净,在这个玻璃罩与外界的通气口处也用化学药品滤去二氧化碳,使第一盆植物处在完全没有二氧化碳的环境中;第二盆植物不做任何处理,让空气自由从玻璃罩的开口出入。把这两盆植物移放到阳光下,让它们进行光合作用。过三个小时以后,再从这两盆植物上各取两片叶子,把它们放到酒精里煮一下。很快,叶子里的叶绿素就被溶解到酒精里了,碧绿的叶子变成了白色。用水将两片叶子清洗干净,再在叶子上滴几滴碘液。经过这样处理后你就会发现,第二盆植物的叶子被染成了蓝色,而第一盆植物的叶子根本不变色。由于碘遇到绿色植物光合作用的产物之一淀粉时会变成蓝色,说明第二盆植物能够进行光合作用并产生了淀粉,而第一盆植物没有进行光合作用。这个实验充分说明,二氧化碳就是植物光合作用必需的原料。

那么,如何证明水也是植物进行光合作用的原料呢?我们知道,氧有两种同位素:氧16和氧18,科学家们用较重的氧18合成二氧化碳,用较轻的氧16制造出水,把植物放在用这两种人造物质替代自然水和二氧化碳的环境进行培养。经过一段时间后,科学家们对收集到的植物产生的氧气进行了分析,发现都是较轻的氧16。这就证明,植物在进行光

合作用时所放出来的氧是由它所吸收的水裂解而来的,也就证明了水是植物光合作用的原料之一,水直接参与了植物制造有机物的光合作用的过程。

其实,植物从根系吸收来的水分,并不是都直接作为光合作用的原料,大部分的水是做了其他的工作,例如保证植株叶子平展、保证气孔张开、溶解和运输根部吸收的矿物质、保证叶子所生产的有机物质的运输等等。

植物进行光合作用的部分是叶绿体,它的复杂的结构和卓越的性能使得现今世界上任何先进的人造机器都黯然失色。不过叶绿体只能在叶子里工作,离开了绿叶就不能进行生产,不能进行光合作用了,因为它需要与光合作用相关的各种酶的帮助,才能完成这个伟大而又艰巨的任务。高等植物中的叶绿体大多数呈椭圆形,一般直径约3~6微米,厚约2~3微米。植物体内所含的叶绿体的数目多少不一,如在低等植物绿藻细胞中只含有一个叶绿体,而高等植物中就比较多,一般每个细胞中有10~100个。叶绿体总的表面积比叶子的面积大得多,能为光合作用提供更大面积的反应空间。

植物的光合作用需要太阳光作为能源,其结果就是将太阳能转化成化学能,而每一个叶绿体都是一个非常精巧的能量处理工厂。如果将叶绿体横切,放在电子显微镜下观察,你可以看到叶绿体是由双层膜所包被,内部还有许多很细微的片层结构。这些片层结构是不均匀的,有的地方叠得紧密一些,有的地方叠得就疏散一些。叶绿体中还有一种圆碟形的微细颗粒,叫做基粒,在基粒中有次序地排列着一层层的叶绿素分子,当阳光照射到这些分子上时,它们就会开动机器,吸收太阳光能,进行光合作用。

光合作用的产物到底是什么呢?过去认为光合作用只是合成糖类,

其实，糖类只是绿色工厂的最初产品。在光合作用的过程中，植物会把水和二氧化碳这种构造比较简单的无机物化合成不太复杂的有机物——葡萄糖，同时又将一部分葡萄糖转化为淀粉或者纤维素，葡萄糖、淀粉和纤维素是同类物质，它们在化学上都被称为糖类。植物体内的有机物质是多种多样的，糖类是其中最为重要的一类，除了葡萄糖、淀粉和纤维素以外还有果糖、蔗糖等，其中淀粉和纤维素比较多，谷类、马铃薯、棉花等就积累这些物质。

光合作用的机理是非常复杂的，即使是科学技术已经很发达的今天，人们也未能将这一过程完全搞清楚。到现在为止，科学家们认为，光合作用主要分为光反应和暗反应两个阶段。光反应为第一阶段，在这一阶段中，水被分解成氧气和活泼的还原性氢，氧气便在这一阶段被释放出去，还原性的氢用作下一阶段即暗反应阶段的原料。同时，在光反应中，叶绿素吸收的太阳光能被储存在一种叫做ATP(三磷酸腺)的物质中，也用于暗反应。

暗反应为第二个阶段，在这个阶段中，不需要阳光，所以才被称为暗反应。暗反应利用光反应过程中所产生的还原性氢和ATP，把二氧化碳转变成为葡萄糖，并将ATP中的化学能储藏在葡萄糖中。

由于光合作用的每一个步骤都是在瞬间完成的，现在的科学仪器根本不能捕捉到这些微妙的变化；同时，光合作用还需要大量的酶类参加，所以其反应机理是非常非常复杂的。要想真正弄清绿色植物光合作用的机理，还有待于众多愿献身此事业的人们坚持不懈的努力奋斗。只有弄清楚了绿色植物光合作用的机理，人类才能更好地利用它来提高农作物的产量，才能实现模拟光合作用的低成本，制造氧、氢等人类必需的物质和能源，才能廉价合成各种类型、各种口味的食物，为人类能够更好地在地球上生存、为人类走出地球摇篮，迈向遥远的太空打下坚实的物质基础。

植物的繁殖方式

在阳光明媚的春天,鲜花盛开一片,我们经常能看到小蜜蜂在花丛中飞来飞去,忙个不停;我们也经常可以看到漂亮的蝴蝶,在花丛中围绕着花儿翩翩起舞;我们还可以看到一些小甲虫,在花心里爬进爬出,不停地忙碌着。它们究竟在干些什么?原来,它们在帮花儿传粉。

昆虫们为什么要帮植物传播花粉?植物传播花粉必须要昆虫帮忙才行吗?弄明白了这些问题,你就会发现,在花儿美丽的外表后面,还藏着鲜为人知的高超智慧。

在植物进化的过程中,高等植物逐渐进化到了用花粉来繁殖后代的方式。植物开花以后,成熟的花粉从雄蕊的花药上传到雌蕊的柱头上的过程,就叫做传粉。植物的传粉一般有两种类型:同一朵花里的雄蕊给雌蕊授粉,这样的授粉方式叫做白花传粉,例如小麦、水稻、大豆、花生等一些作物;但大多数植物是以异花传粉的方式来进行的。异花传粉就是一朵花里的花粉落到另一朵花里的雌蕊上去,或者说一株植物上的花粉落到另一株植物的雌蕊上去。异花传粉是植物产生变异的原因之一,它使得植物的后代具有更强的适应外界环境的能力。许多植物具有良好的机制来避免白花传粉,以达到异花传粉的目的,最普通的方式就是同一株植物两性花中的雌蕊和雄蕊不在同一时期内成熟,因为植物只有雄蕊和雌蕊同时在成熟期内才能受精,这样就有效地避开了白花传粉。

花粉没有腿脚,也不长翅膀,没法自由活动,因此,花粉的传播就成了一个问题。同花传粉因为雌蕊和雄蕊的距离很近,只需轻微的空气流动甚至震动就可以了,对外界的条件要求并不太苛刻。异花传粉就不同了,因为它需要花粉移动一段较长的甚至是相当长的距离,这就需要借助外力了。借助什么外力呢?植物们各显神通,各尽其能。

一类植物是靠风来帮助传播花粉的,叫做风媒花,这类花绝大多数是无色无香的,它们最大的优势就是产生的花粉数目大得惊人,而且颗粒很小、很轻,可以很容易地随风飘扬。据统计,一株玉米可以散发出大约2000~5000万粒花粉,松柏的花粉在成熟期更是漫天飞扬,有时竟能在水面形成一层美丽的花粉膜。为了适应这种风力传播的方式,"聪明"的风媒花们会在形态上积极配合,发展出最合适的形状。例如有些风媒花的雌蕊柱头上着生了许多像羽毛一样的细毛,以便粘住花粉;禾本科植物的雄蕊都有细长的花丝,露在花穗的外面,花药和花丝成丁字形,很容易随风摆动,使花粉飞扬;一些风媒花雌蕊的柱头很像蛾类羽毛状的触角,容易拦住飘过的花粉……虽然风媒花植物都用尽心机,但由于它们的花粉都很小,而且目的性不强,所以真正有效的传粉机会并不是很多。曾经有人统计过,两朵相隔2.5千米远的花,要靠风力传播花粉,平均1440粒花粉只有一粒能够传到雌蕊的柱头上,其余的全都白白浪费掉了。

还有一些植物,它们的花授粉是靠水作为媒介来传播的,叫做水媒花。例如苦草,它生活在一些小溪里,叶片呈带形,可以从水底伸到水面。苦草的雄花和雌花并不是在同一个植株上,它是雌雄异株的植物。每到秋后,雄蕊上抽出穗状花序,花序外面有许多苞片。后来,苞片脱离花轴,飘浮于水面上,很快便开出雄花,随水漂流。和雄花开放的同时,雌花的花梗迅速伸长,将雌花顶出水面。雄花和雌花在水面上一旦相

遇,柱头就会和雄蕊接触,花粉便掉落在雌蕊的柱头上,完成传粉作用。受精后,雌花的花梗就会作螺旋状弯曲,把雌花带回水中,结实生子。

以上两类植物都很聪明吧!它们很善于"免费搭车",不费什么力气就能完成异花授粉,我们就叫它们"搭顺风车的花儿"吧。还有很多植物就更聪明了,它们是靠用特别的"贿赂"吸引一些小昆虫和小动物来完成传粉的,我们经常把它们叫做虫媒花。

虫媒花一般都有鲜艳的色彩、浓郁的香气,这些都是它们的招牌和广告,它们用以"贿赂"小动物的,是许多动物包括人类都喜欢的美食——花蜜。

甜甜的花蜜是从花朵的蜜腺中分泌出来的。据分析,花蜜的成分主要是糖类,其他还有蛋白质、维生素等,营养十分丰富,花儿分泌花蜜,是用来引诱昆虫的,是给昆虫传播花粉的报酬,所以花儿产生花蜜是具有时间性的。大部分花儿在授粉前产蜜量比较高,随着授粉的完成,花蜜的分泌量也逐渐减少。贪吃的昆虫们为花蜜而来,顺便为植物传粉后而去,植物和昆虫真是各得其所,大家都乐此不疲。

当然,小昆虫们来探食花蜜的时候是没有任何合同约束的,所以不能期望小昆虫们主动进行传粉活动,为此,虫媒花植物们就采用了各种各样的妙招。

在虫媒花中,利用蜜蜂传粉的植物很多,分布最广。小蜜蜂的腿上和背上有许多细毛,虫媒花们就在蜜蜂获取花蜜的路途上布满"花粉地雷",当蜜蜂们爬伏在花上寻找、采集花蜜时,浑身就粘满了花粉。一朵花的花蜜当然不能满足蜜蜂的需求,蜜蜂会再飞到另外一朵花上继续"寻蜜",这时,它就将花粉带到了这朵花上,无意中帮助植物完成了授粉过程。

在我国西藏东部、四川西部和云南西北部的高海拔地区,生长着一

种叫做毛子草的植物。毛子草外形优美,花色漂亮,有鲜红、粉红、嫩黄和淡紫色这么几种颜色。毛子草的花冠的结构与众不同:它的花药两两相对,花药的裂片生有一个刚毛状附属物体,如同一把钩子紧紧扎进花柱细胞中使花药牢牢抱住花柱。花药的裂片上有一条裂痕,当花药还没有成熟时,这个裂痕并不裂开;花药成熟时,即使压迫靠近柱头的地方,裂痕也不会裂开,但是一旦压到附属物体上,裂痕就马上打开,花粉便散发出来。远途来访的小昆虫一接触到柱头,柱头就立即闭合,"来访者"就可以畅通无阻地绕过柱头进入到花冠内。开始时,昆虫的身体会压迫柱头,但花粉并不会散出。随着昆虫的逐渐深入,就慢慢的压向了附属物体,这时花药的裂缝就打开了,花药恰好撒在昆虫的背上,让昆虫带着花粉再到别的花中完成传粉过程。你看,毛子草的"智商"是不是算得上"很高"呢?

　　与一串红很相像的鼠尾草,它们是靠一种叫做熊蜂的昆虫来帮忙传粉的。鼠尾草又叫做鱼腥草,它的花冠是唇形的,上唇呈盔甲状,下面隐藏着雄蕊和雌蕊;下唇是一个很好的平台,是熊蜂落脚的地方。鼠尾草的花只有两个雄蕊,每一个雄蕊都有一个短花丝,短花丝的顶端分叉成一个长臂和一个短臂,在长臂的顶端生了一个花药,而短臂没有花药。鼠尾草的整个雄蕊很像一个设计巧妙的杠杆,当熊蜂停在下唇瓣上要吸食花蜜时,两个雄蕊的短臂被熊蜂的头部往里推动,它们的长臂就像跷跷板一样向下弯曲,恰好将花粉涂在了熊蜂的背部。由于鱼腥草的雄蕊比雌蕊成熟要早几天,此时同花的雌蕊尚未成熟,所以不会发生白花传粉的现象,当这个熊蜂再飞到另外一朵鱼腥草花上时,如果这朵花的雌蕊已经成熟,雌蕊的花杜便会弯曲下来,柱头恰好触及熊蜂的背部,将熊蜂背部上从别的花上带来的花粉涂抹在了柱头上,从而十分出色地让熊蜂为鼠尾草完成了授粉的整个过程。

在动物帮助植物传粉的例子中,最稀奇的还得算是鸟媒花了。在拉丁美洲的特立尼达和多巴哥,有一种世界上最小的鸟,叫做蜂鸟。蜂鸟的身体只有黄蜂那么大,它喜欢吸食花蜜,能够帮助植物进行传粉。在那里,有一种叫做"梭南得那"的植物,就是专门依靠蜂鸟这个媒人进行传粉的。

有些虫媒花不具备精巧的结构,于是采用了最野蛮的方法——强制。例如常见的药用藤本植物马兜铃,它的花像一个歪口瓶,瓶颈里面长满了纤毛;在筒状花冠的基部是个略微膨大的小室,里面有甜美的花蜜,小室外面是筒状花冠构成的长长的通道,最外面是筒状花的开口处。雌蕊和雄蕊都长在歪口瓶的底部。马兜铃的雌蕊往往比雄蕊早成熟两三天。雌蕊成熟时,筒状花冠凸起的部分就会呈现鲜红色,而且从小室里面还会发出阵阵诱"人"的香气。旅行中的小昆虫正饥饿难耐,突然有香气飘来,哪能抵抗得住这种香气的诱惑,便会来到这朵筒状花的开口处顺着通道爬进温暖、舒适而又充满可口食物的"温柔乡"之中。由于在通向小室的瓶颈里长着许多倒生的纤毛,所以,当小昆虫在小室里面吃饱喝足,想要离开的时候,突然发现已经"此路不通"了。小昆虫出不去,必然很着急,便生气地在小室里撞过来撞过去,这样一来,便把从别的地方带来的花粉粘到了雌蕊上。雌蕊受精以后,花还是不会把小昆虫放走,一直等到两三天以后,雄蕊成熟了,小昆虫浑身又粘满了这朵花的花粉,花也开始萎谢,过道里面倒生的纤毛才因为花冠失水逐渐枯萎,让出通道,可怜的小昆虫这才带着这朵花的花粉,赶紧逃之夭夭。然而,不久以后,小昆虫便忘记了这次上当受骗的教训,又去自投罗网,继续重复那以前的故事了。

我们经常发现,粗大的玉米棒上会出现秃粒,向日葵籽也常常会有空瘪的,这是为什么呢?原来玉米和向日葵都是异花传粉的植物,而异花

传粉植物在传粉时需要一定的外界条件,如果开花时没有风、或者温度较低、或者因风雨太大限制了昆虫的活动、或是雌雄花成熟期相距太远,都会使得传粉的机会减小,降低结实率。看来,虽然植物们非常聪明地利用了各种方法,但仅仅依靠昆虫、风、水等来传粉有时候还不是十分可靠,因此,农业上常常采用人工授粉的办法来增加庄稼授粉的机会,以提高果实、种子的产量和质量,尽量减少和避免损失。

花粉经过传粉之后并不是已经完成了繁殖过程,还得经过一系列的变化,才能真正使得卵细胞和精细胞结合,这种精卵结合的过程就叫做受精。

被子植物从授粉到受精的过程是非常复杂的:在受精的过程中,植物的花柱中会产生花粉管,由于各种植物花柱的结构不同和花粉管的生长速度的不同,花粉管萌发伸长到达子房的时间彼此差异很大。例如甜菜的花,花柱很短,从柱头到子房仅有 2~3 毫米;玉米的花柱特别长,从柱头到子房可达几十厘米,自然它们完成受精的时间就有差异,花粉管在柱头中伸长的速度也有明显的不同。例如秋水仙的花粉管需要经过六个月的时间才能贯穿花柱,栎树的花粉管经过了一年的时间才只能伸长 2~3 厘米;而棉花的花粉管 8 个小时就能够伸到子房,20~24 个小时就能完成受精作用。现在,科学家们用组织培养的方法,在试管中进行离体的传粉受精,以缩短传粉到受精的时间,已经获得了较大的成功。

植物为何开花

在绿色帝国里,花总是不可缺少的,有的开在春天,有的开在夏天,有的开在秋天,甚至有的还开在冬天。花儿点缀着草原,点缀着生活,给人们带来希望与欢乐。世界上如果没有花朵,那该是多么单调啊!花对人类、对自然是这么重要,因此,多少年来人们就试图解开花儿开放之谜,可时至今日,植物开花问题,仍给人们留下了种种谜团。

当人们把探索的目光投向植物开花时,发现它的机理极为复杂,只好认为植物内部有一种"特殊物质"支配着花的开放。这一说法是德国植物学家萨克斯于1808年提出来的。但"特殊物质"是什么东西,留给人们的仍是问号。无论萨克斯本人,还是其他科学家,都为寻找这种"特殊物质"付出了艰辛,可结果所获无几。

科学家们没有找到"特殊物质",却发现环境的微妙变化,对植物的开花起到了一定的作用。比如人们发现,当森林里发生火灾时,浓烟会唤醒沉睡的凤梨,促进了花的开放。更奇怪的是,有人把凤梨平放起来,就是在不开花的季节,它也会开出花来。再比如人们常见的鼠尾草,在充足的阳光下反而不易开花,如果几天连续对它进行黑暗处理后,却加速了花的开放。还有些植物,把其叶子全部摘去后,反而能很快开出花来。这些现象说明,植物从形成花芽到开出花来,并不是由植物内部的"特殊物质"决定的,而是取决于周围环境。

不过科学家们还是愿意从阳光上找开花的原因。1930年,德国植物

学家克列勃斯通过实验证明给植物创造某些条件可使它开花。他曾经做过这样的实验：把一种香连绒草放在很弱的光照下，栽培几年，开始它只是不停地生长，可就是不开花。后来，把它放到阳光充足的地方，竟然很快开了花。他又用其他植物做实验，也取得了同样的结果。经研究认为，光之所以能促进植物开花，是因为植物可以通过光合作用，促使体内不断积累碳水化合物。但克列勃斯经研究发现还不完全是这样，还与植物细胞内糖氮的比例有关。当细胞内糖的比例比氮多时，花就容易开放，如果氮少糖多，花就不易形成。这就是克列勃斯提出的著名的糖氮比例学说。

尽管克列勃斯的学说得到了许多读者的拥护和高度评价，可经过深入实验和研究，发现有些植物并不都喜欢阳光，比如有一种名叫"马里兰巨象"的烟草，它跟一般烟草不一样，花并不在夏末开，从夏到秋，只长叶，不开花。当把它栽到花盆里，放到温室后，竟然在秋冬季节开了花。在1920年发现这一现象的两位美国植物学家加纳尔和阿拉德，经过分析研究，估计白昼的长短是这种烟草开花的决定因素。为验证这种想法是否正确，他们在烟草地里建造了一座小木房，在白昼最长的7月间，每天下午4点就把它搬进屋内，第2天上午9点再搬出去。就这样几个星期以后，这种烟草终于在夏天开了花。这件事使人们发现，不同植物的开花，对日照长短的要求也不一样。

日照的长短对植物的开花是怎样产生作用的？德国的两位植物学家保斯维克和汉特立克从1959年开始，专门就这一问题进行了研究、经研究发现，原来是植物体内有一种叫"光敏素"的东西在起作用。这种色素对光特别敏感，当它吸收红光之后便会发生结构变化，就像计时器一样，让花儿什么时候开放就什么时候开放。但光敏素到底是什么东西，人们一直也没有搞清。

因为光敏素这一假说还有不能达到令人信服满意的地方,所以,前苏联科学家柴拉轩又提出了"开花素"的假说,他曾做过这样一个实验,他把5株苍耳嫁接在一起,只要有一片叶子得到正确的光周期处理,它们就全都开了花。这说明受到处理的叶子产生某种开花刺激物,这种物质可以通过嫁接传递到没有被处理的4株苍耳中,这4株苍耳也就开了花。柴拉轩把这种开花刺激物叫"开花素"。那么开花素是不是就是前面提到的光敏素呢?不是的。但科学家们认为二者有密切关系,是光敏素接受到正确的光处理以后,便像开关一样触发了开花素的合成,导致了鲜花盛开。

可有些科学家又从其他途径找到了植物开花的秘密。前苏联植物学家柯洛米耶茨认为,植物开花与植物体内细胞液的浓度有关。一般的苹果树苗在自然环境下,要3~4年才能开花结果,可这位科学家能让苹果树在一年内开花,他是经过多次实验之后才得出这一结果的。他在果树枝条生长快要停止之前的夏秋季节,进行大量施肥,大大提高了植物细胞液的浓度,就会导致苹果树开花,如果施肥的时间过早或过迟,都不会促进开花。

科学家们通过研究发现,人们可以用药物来调节植物的开花。几年前,中国科学院植物研究所的陆文梁等人以风信子花瓣为外植体进行培养,当培养茎中附加玉米素时,能直接诱导发生花芽,并在瓶中的培养物上直接开出鲜艳的花朵。若附加其他植物生长调节剂,就不会形成花芽。

看来,人们对植物开花的研究,从必然王国向自由王国迈进。但在前进的道路上,植物开花仍有许多谜团等待着人们去破译。

植物的花色

相对于植物开花的机理,人们对花儿的颜色的秘密就知道得更多了。

花以多变的形态和鲜艳的色彩引起人们的喜爱。人们也总把生活中最美好的事情与花联系起来。庆祝会上,婚礼上,朵朵红花戴胸前,我们生活中最隆重和最愉快的日子总是要用花朵来烘托,来庆祝。"人面不知何处去,桃花依旧笑春风",诗人也用花来表达自己的情感。

在很早很早的时候,花儿美丽多变的色彩就引起了人们的注意。据

统计,世界上花的颜色大概有四千多种。可在这四千多种花色中,最主要的色调只不过有白、黄、红、蓝、绿、橙、茶黑等几种颜色。进一步研究还发现,大多数花的颜色是在红、紫和蓝之间变化,也有一部分是在红、橙、黄之间变化。

那么,花儿的颜色为什么都在这几种颜色之间变化呢?科学家经过研究终于发现,原来,花的颜色及其发生的变化,主要是由花瓣中存在的几种化学物质所决定的,这些化学物质就是花青素、胡萝卜素和黑色素。

在这三种物质中,胡萝卜素和黑色素的颜色是相对固定的,只有花青素非同一般。《西游记》中的孙悟空具有"七十二般变化"的本领,是不是很厉害呀?可若是遇到花青素恐怕还要甘拜下风呢!因为花青素最大的特点就是善变——它的颜色非常不稳定,只要酸碱度、温度稍有变化,它马上就改头换面,变了"脸色"。植物花瓣儿的细胞里一般都有一个大大的液泡,液泡里有很多的细胞液,花青素的家就住在这儿。当细胞液是弱酸性的时候,花青素会呈红色,而且酸性越强,颜色就越红;当细胞液是碱性的时候,花青素就呈现出蓝色,如果碱性增强,它就变成了蓝黑色;当细胞液是中性的时候,花青素就呈现出美丽的紫色。诱人的玫瑰呈现出鲜艳的红色,而罕见的黑菊和黑牡丹却呈现出浓重的蓝黑色,现在你也知道其中的原因了吧。

有些花儿的颜色是会发生变化的,如关蓉花,早晨开放时是白色的,中午以后就逐渐由粉红色变为红色了。棉花也是如此。棉花的花不仅早晨和中午会变色,而且在同一株植株上,会同时开着白花、红花和粉红色的花。这是为什么呢?不用说,这又是花青素搞的鬼。

在花瓣儿的细胞里面,虽然液泡中的液体是呈酸性的,可液泡周围的细胞质却是微碱性的。液泡被一层具有选择透过性的膜包着,花青素

是跑不出去的。然而,当细胞逐渐衰老之后,液泡的膜就出现了问题,门户看得就不那么严了。结果,有一部分花青素就会"偷偷地"从液泡"溜"到细胞质中。由于酸碱度不同,花青素的颜色就会发生变化,花儿的颜色也就会变化了。牵牛花也是会变颜色的花儿,至少有红、蓝、紫三种颜色,这些颜色的变化也是花青素在起作用。不信的话,我们可以做一个有趣的小实验:摘下一朵牵牛花,把它浸入到碱性溶液中,花朵即变成蓝色;浸入到酸性溶液中,它又变成了美丽的红色。

　　自然界里还有许多白色的花,白色的花也是花青素搞的鬼吗?那就不是了,相反,这些花儿中什么色素也没有。花儿之所以呈现白色,是因为花瓣里充满了小小的空气泡,当阳光照到花瓣儿上时,小气泡之间的间隙能强烈地反射太阳光,花瓣看上去就是白色的了。花儿美丽的颜色和诱人的香气多半与异花传粉有关,因为异花传粉能产生活力更强的后代,对植物的繁衍和生存有利。花儿的多姿和鲜艳是为了招引为花传粉的"媒人"——昆虫,因为那些视觉发达的昆虫很容易为花的美丽所引诱。花的颜色是和传粉昆虫的习性相适应的,如地球上主要的传粉昆虫蜜蜂对白黄两色最敏感、蝴蝶则善于辨认红色,所以植物的花朵以白、黄、红三色最多,分布也最广泛。在北半球,植物的花往往是黄色、白色或者蓝色,因为这里的昆虫对于鲜红色的辨认能力较差,所以这种颜色的花朵很少;在靠近热带或亚热带的地方,花儿常为鲜红色,因为这些地方生活着善于辨别鲜红颜色的蝶类及蜂鸟;夜晚开的花多数为白色,并伴有强烈的香味,如夜来香,以便吸引晚上出来活动的昆虫如蛾类等前来传粉……

植物的花香

花儿不仅给大自然穿上了五颜六色的花衣裳，也带来了芳香的气息。千百年来，人们一直习惯于把花和"香"联系在一起，实际上，我们必须承认，自然界里有些花不但不香，反而非常非常的臭。我们能否依据花朵的颜色来判断花儿的气味呢？

专家调查了4000多种植物的花，对花色和花香做了统计，发现有80%的花并不香，极小部分的花还有臭味。他们还发现了花色与花香之间的关系：花色越浓艳，香气越淡，花色越浅，香味越浓。在香花中以白色最多，红色次之，黄色第三，橙色最少。花儿不管是香或臭，都能吸引

昆虫为它传粉。

有的花颜色挺好看,但是不招人喜欢,反而令人厌恶。大花草就是最典型的例子。

别看大花草有多么好听的名字,粉红的花瓣上还缀有淡黄的斑点,可是它盛开时却发出阵阵难闻的恶臭,它的臭味比巨魔芋的味还要难闻。其中大花草是一致公认的最臭之花。

这种臭花生长在印度尼西亚的爪哇和苏门答腊等地的密林中。大花草的长相真怪,既无根,又无茎,更无叶子,这简直不像植物!由于它一生之中只开一朵特大的花朵,因此人们叫它大花草,大花草过的是寄生生活,以唯一的一根花柄吸住白粉藤的根茎,从中吸收营养来养活自己。

大花草不但是世界上最臭的花朵,而且也是举世无双的最大花朵。一朵花直径有 1 米多,重 6~7 千克,最大的花朵直径有 1.4 米,重达 14 千克。5 片花瓣又肥又厚,含有很多浆汁,每片花瓣足有 30~40 厘米长。花朵中央还有一个圆口大蜜槽,直径约 33 厘米,高约 30 厘米,若以之盛水,可放 5~6 升之多。花朵刚开时倒还有点香味,以后就臭不可闻了。这种臭味可招引苍蝇、甲虫前来采蜜,为它传粉。花儿受粉之后,开始结籽。别看花朵大得出奇,可是结出的种子却极为微小,种子跟花的大小简直不成比例。

有些植物人们在给它起名字时,就有意突出它的气味,以引起人们的注意。例如臭椿树,一听名字就知道它有臭味,臭椿的叶子确有一股难闻的臭味。再如鱼腥草,名字就道出了它有一股鱼腥味。

而有些植物,一看它的名字就能知道它什么时候开花。例如夜来香专在晚上开花,暗送清香。迎春花于早春开放,迎来万紫千红的大好春光。

那么,花儿的香气是从哪儿来的呢?原来,很多香花都有自己制造香气的"秘密加工厂"——油细胞。

花朵里的油细胞会分泌出一种芳香油,它的化学名字叫做"酯",这就是我们闻到的醉人的香气了。酯是一种挥发性的油,很容易变成气体飘散出来,而且只需很少的量就能让人感觉到芬芳扑鼻。人们日常使用的香水大多就是从花瓣中提取的。据说要制成1千克的玫瑰油需用4吨的玫瑰花花瓣,大概要300万朵玫瑰花才行呢!不过要制成1千克的香水只需2滴玫瑰油就足够了,由此可见花儿分泌出的这种油有多够劲儿!

有些香花并没有这种制造香料的"加工厂",它们的香味是从哪里来的呢?那原因就不同了:有些花儿虽然没有专门的"加工厂",但在某些细胞的新陈代谢过程中也会产生出芳香油来;有的花细胞会产生一种叫做配糖体的物质,配糖体本身并没有香味,但当它们被分解时就能发出香味来……你看,它们可真是"各村有各村的高招"啊!

花儿的香和臭,虽然气味不一样,但都是来源于花朵中的油细胞,不同的植物,花朵中产生的挥发油不同,当然气味也就不一样。至于那些既无香味也没有臭味的花,那是因为它们既没有油细胞也没有配糖体,没有任何能够制造香料的加工厂,难怪它们没有办法产生出香味来呢。

在陶醉于花香花美的同时,我们应该知道,美丽多姿、色彩鲜艳的花并不是专门供人们来欣赏和美化世界的,花是植物的有性生殖器官,对于植物本身而言,开花是繁殖后代的很重要的一种方式。异花奇葩的美丽色彩是自然选择的结果,因为这样的植物能够顺利完成传粉受精,并将种族延续下去。

植物的花蜜

百花之中，许多花都能泌出花蜜。花蜜是花朵中蜜腺细胞的分泌物，含糖丰富，故又名甜蜜。花儿泌蜜的多少要看天气，通常在暖和、晴朗的天气(气温 16~25℃)蜜多，阴雨连绵(气温低于 10℃)则蜜少。

雨水多少和蜜也有关系。雨水多，蜜就变得稀薄。此外雨水还能冲走花蜜，这对开敞式的花儿如椴花、柳兰花、枣花最有影响。

风对花蜜也有影响。强风(尤其是西北的干冷风)蒸发量大，使蜜腺细胞萎缩，花蜜自然减少。

有趣的是同一株植物上，上部花儿的蜜远比下部花儿的蜜少，这是由于下部花开得早，尽先夺去了养料的缘故。

农学家的经验证明，当种草木樨、苜蓿、荞麦……这类出蜜的作物时，如施用磷酸盐和钾盐的复合肥，则促使花儿出蜜多；如氮肥多则蜜少，因为有前者能使花儿开得丰满，自然蜜多，后者促使枝叶陡长，对产蜜不利。

此外，花儿多半在刚开，没有经过传粉受精的时候蜜最多，受精后就不出蜜了，因此蜜的产生是花儿招引昆虫(主要为蜂蝶)为之传粉的又一绝技。

春天，蜂蝶纷纷访花就是要采蜜(有一类花如罂粟、蔷薇，芍药不出蜜，名为粉花)。当蜂蝶采蜜时，顺便把花粉带到其他花朵上，这在客观上就起了传粉作用。

蜜蜂对花蜜最为敏感。1929年一个科学家做了个有趣的试验：他用彩纸做了些假花扎在树枝上，蜜蜂根本不理，后来他在假花中注入了花蜜，蜜蜂就飞来了。

花蜜有一股特殊的甜味，蜜蜂就用它触角上的嗅觉器官探索，到花朵中蜜的隐藏处采蜜，而且它的味觉器官能辨别甜、酸、咸、苦等味，因此它能知道蜜的好坏。

据科学家统计，我国产蜜的植物多达3000多种，其中蜜最多者有几十种。枣花的蜜有甜、香、浓三大特色，蜜蜂爱采食，并且采食时常呈呆笨的姿态，故北方有"蜂吃枣蜜而醉"的农谚。此外，南北各地的荆条、油菜、紫云英、乌桕、龙眼、荔枝……的花蜜均多而好；柿花、荞麦花的蜜则较淡薄。

植物的形态

被子植物的根、茎、叶、花、果实和种子是人们司空见惯了的形态特征。然而,在它们中间就有一些种类的植物,它们的根、茎、叶、花、果实和种子却与众不同,它们独特而别致的形态特征招来了人们对它们的更加喜爱。

安息香料的秤锤树就是一种有趣的植物。秤锤树,顾名思义,树的某一器官像秤锤。原来该植物的果实形状极为像小杆秤的秤锤。秤锤树为落叶小乔木,高约6米左右,胸径5~8厘米;单叶互生,叶片椭圆形或椭圆状倒卵形;花两性,3~5朵花组成总状花序,生于侧枝顶端;白色花朵,花直径可达2厘米,花冠6~7厘米;雄蕊着生于花冠的基部,它的果实坚硬但木质,下垂,成熟时栗褐色,卵圆形或卵状氏圆形,顶端具钝或尖的圆锥形呈喙状;果梗长1~2.5厘米。果实的整个形状像一个小秤锤。

秤锤树是北亚热带树种,分布于南京幕府山、燕子矶、江浦县老山及句容县宝华山。因此分布区极为狭窄。因植株不高,生长缓慢常被人们砍去作薪柴,所以野生植株几乎已经绝迹。现在已被列为我国的濒危树种。目前在上海、南京、杭州、武汉、青岛、黄山等地植物园中有少量栽培,而且在江苏省句容县宝华山建立以保护秤锤树为目的的自然保护区。

秤锤树属为我国所特有。它对于研究安息香科的系统发育具有重要的科学意义。秤锤树花白如雪,累累的果实,形如秤锤,下垂的果实在

微风中轻柔摆动,其景色颇为人所青睐欣赏。因此秤锤树具有很高的观赏价值,可以作为美化、点缀庭园的植物。

我们在大自然中见到过花开在枝上、茎上和根上的(如苏门答腊的大花草,它是一种寄生的被子植物,只寄生在一些乔木的根上)。然而你见到过花,而且还是花序开放在叶片上的植物吗?山茱萸科青荚叶属的青荚叶植物就是将自己美丽的花绽开在叶片之上的。

青荚叶是一种落叶灌木,高1~3米,树皮灰褐色,嫩枝绿色或紫绿色。叶互生,卵形或卵状椭圆形或卵状披针形,边缘有细锯齿。花雌雄异株,雄花5~10朵形成密聚伞花序;雌花有梗,单生或2~3朵簇生于叶表面的中脉中部或近基部处,花瓣3~5片,三角状卵形。果实为核果,黑色球形,具有3~5个棱。青荚叶在叶上开花结果的秘密在于它的花序柄与叶柄及叶片的中肋愈合的缘故。

青荚叶主要分布在我国黄河以南的广大地区。生长于海拔1000~2000米之间的森林中。它的果实和叶可作药用,用于治疗痢疾、便血及疖毒等。

体育运动中有羽毛球比赛这一项目。然而无独有偶,植物界中,有一种植物的果实与羽毛球极其相似,因此人们称它为羽毛球树。

羽毛球树属檀香科米面蓊属的植物,也称作米面蓊,为一低矮的灌木,高1~2.5米左右;茎直立;多分枝,上部枝的叶呈披针形,下部枝的叶为阔卵形。雄花序顶生和腋生,浅黄色,雌花单一,顶生或腋生,花被漏斗形。最有趣的是它的果实。其果实为核果椭圆状或倒圆锥状,长1.5厘米,直径约1厘米,无毛,宿存的苞片4枚且叶状,为披针形或倒披针形,干膜质,有明显的羽脉。每当十月果熟时节,放眼望去,每株树上都挂满了一颗颗酷似羽毛球的果实。

羽毛球树产于甘肃、陕西、山西、四川、河南、湖北、安徽、浙江等省。

生长于海拔 700~1800 米的山区森林中。日本也有分布。其果实含淀粉，盐渍可供人食用。但它的鲜叶有毒，可作外用药治皮肤瘙痒，树皮也有毒，碎片对人体皮肤有刺激作用。

羽毛球树还是一种半寄生的植物，它的一部分根寄生在松、杉类的裸子植物的根上，同时它自己也进行光合作用来制造另一部分它生长发育所需要的营养物质。

灯笼树，这是一种杜鹃花科吊钟花属的植物。它的美名来自于它的花和果的形状。每当夏季，它的花盛开时，在枝端两侧挂着十几朵肉红色或橙色的钟形花朵，非常好看。而更有趣的是在 8~10 月的果熟期里，其果实椭圆形，棕色，果梗下垂，但果梗的先端却又弯曲向上，结果使果实都成为向上直立的。远远望去，就好像树枝上举满了一个一个的小灯笼一样。

灯笼树是一种落叶灌木，高 2~3 米。与它同属的植物还有吊钟花和齿叶吊钟花，它们的花和果同样具有这种奇观。灯笼树分布于我国西南部、中部至东南部。是一种极具开发前途的园林观赏树种。

在我国淮河及长江流域一带，有一种落叶乔木，高约 16~17 米，其果实的形态更为别致，核果为草帽状，周围具革质的宽翅，远远望去仿佛树上吊着一串一串的铜钱，在风中摇曳，哗哗作响，这种树木就是铜钱树。铜钱树是鼠李科马甲子属的植物，在每年的 4~6 月开花，7~9 月果实为成熟期。

铜钱树产于我国甘肃、陕西、河南、安徽、江苏、浙江、江西、湖南、云南、贵州以及广东和广西等地。生长在海拔 1600 米以下的山地森林中。其树皮含鞣质，可提制烤胶。

果实形如铜钱状的植物除了本属中的铜钱树、短柄铜钱树和滨枣外，还有生长在我国秦岭山区的金钱槭。金钱槭为槭树科植物，果熟时，

也如一串铜钱。由于金钱槭的数量目前很少,又有很高的观赏价值,因此被列为国家保护植物。

卫矛科卫矛属的植物卫矛,其貌不扬,是一种普通的落叶灌木。但是你若仔细观看它的枝条,你立刻就会有惊奇地发现。它的枝条上从上到下生长着2~4条褐色薄膜状的木栓翅。翅硬而直,仿佛枝条四周长上了翅膀,整个枝条就像一支支展翅欲发的火箭。人们亲切地称卫矛为长翅膀的树。

卫矛的分布范围很广,遍布于祖国大江南北各省区。在北京四周的山地上也有许多分布。卫矛的木材致密,白色而质韧,常用于制作弓、木钉等。枝上的木栓翅有助于血液流通,具有消肿的功效。树皮、根和叶还可提取硬橡胶。

植物的性格

肉苁蓉和锁阳,这两种名贵的补肾壮阳药用植物,也许是大家所熟悉的。但是对于它们怪异的性格,大家却未必清楚。

肉苁蓉属于列当科肉苁蓉属的植物。锁阳属于锁阳科的植物。尽管它们都是被子植物,但是它们却与众不同,是隐居在地下的植物。它们在黑暗的地下过着达数年之久的寄生生活,只有当在临终前的开花结果期,它们才从黑暗的地下露出了它们姣好的容颜。

肉苁蓉和锁阳都是寄生植物。肉苁蓉的寄主植物是梭梭,锁阳的寄主植物为白刺。由于它们长期隐居在地下寄生在它们寄主的根上,因此,叶子对于它们来说便是多余的了,于是它们的叶片已经退化为小鳞片状,完全丧失了光合作用的能力,而仅保存有一个肥大的肉质茎,用以贮藏充足的水分和养料。肉苁蓉和锁阳在地下生长3~5年后,便发育出一个粗壮肥大的花序伸出地面。出土后,花序上盛开着色泽鲜艳的许许多多的花朵,招引荒漠上的昆虫为其传粉。在出土后的3~4天时间内,它们便完成了生殖发育过程,产生了数万个种子,从此便结束了它们的生命。它们的花期如此之短暂,是由于干燥炎热的沙漠气候,烘干与烤焦娇嫩无比、没有任何防旱能力的花朵。它们产生数以万计的种子就是对沙漠这一严酷生态环境的适应,尤其是在寄主植物稀少的情况下,能够顺利地传宗接代,以免遭受灭种之灾。它们的种子或果皮都可以抵抗干旱和高温,这样能够保证它们在一时找不到寄主时,不至于丧

失生命力。由于果实或种子细小,能够随风远扬,因此,这一特性极易于它们在较大的范围内寻找寄主。

肉苁蓉与梭梭的分布区一致,分布于阿拉善高原、柴达木盆地、新疆的诺敏戈壁、哈顺戈壁、塔里木盆地东部和准噶尔盆地。此外在蒙古国南部的梭梭荒漠中也有分布。据调查,目前肉苁蓉的数量已急剧减少,这是因为一方面肉苁蓉是名贵药材,人们大量采挖,另一方面又因梭梭是骆驼的优良饲料和当地群众的燃料,而遭到过度放牧和大量砍挖梭梭,结果也促使肉苁蓉处于灭绝的境地。现在每千株寄主植物梭梭中,仅有7株肉苁蓉,可见其数目之稀少程度,因此,国家已将肉苁蓉列为濒危物种而加以保护。目前尚未人工驯化的肉苁蓉不仅是名贵的中药,而且它还是古地中海残遗植物,因此对于研究亚洲中部荒漠植物区系具有一定的科学价值。

肉苁蓉与锁阳尽管一生都是在黑暗的地下度过的。但是当它们在地下蓄积的能量足够多时,便冲破黑暗,寻找光明,将它们一生中最美好的东西——艳丽的花朵,奉献给自然界,奉献给人类,甚至连它们的躯体也捐给了人类。它们这种把美丽带给人间,对世间无所求的崇高品质,为我们人类做出了光辉的榜样。

隐居地下的植物,除了肉苁蓉和锁阳外,还有一些植物种类,这里就不一一细说了。

大千世界无奇不有,有一些植物它们在传播自己后代时,是依靠自身的"奔跑"来散布种子。你见过这样的植物吗?你如果有机会,在金秋的季节来到一望无际的草原上时,就能观看到这一奇观。只见一个或小或大的草球,顺着风在草原上狂奔。不明白的人还以为这些草球是在比赛赛跑呢。这就是被人们称为的"风滚草"或"草原流浪汉"。这一个个的草球并不是由一种植物组成的,而是由几种甚至十几种植物混合而成的。

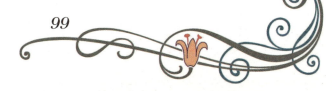

组成风滚草的植物有很多种,常见的有猪毛菜、刺藜、分叉蓼、矶松、防风等。这些流浪者在草原四处流浪的原因,是为了把自己的种子传播到遥远的地方,扩大自己的分布范围,为后代寻找更为合适的生存环境。它的这种特性正是在草原这种半干旱环境条件下形成的。

那么草球是如何形成的呢?原来,在秋天来临之后,这些植物的枝条就会向内弯曲而集结成球状,茎的基部开始变得十分脆弱,极易被风吹断。这种对环境的适应方式是多么的美妙与和谐啊!当一阵强风吹过,该植物的茎基便断裂了,从此它就开始了随风漂流的流浪生涯。在流浪的过程小,它碰见了许多志同道合者。有的就联合成一个大草球一起去过流浪的生活。它们时而被大风抛向空中,时而在草原上缓慢滚动,时而又急速地旋转狂奔,它们的种子则撒落在它们走过的"人生"道路上。它们活得好不潇洒,逍遥!

现在大家一定想到了一个问题,那就是为什么种子是边滚边撒,而不是一下子就撒播完呢?原来其奥秘在于,又多又轻又小的种子是隐藏在果实的底部,在果实的开口处长满了密密的茸毛。只有当果实受到滚动震荡时,种子才能从果实的开口处均匀地撒播出来。你看,这些植物为了能够在这个美丽的地球生存下去,在繁殖后代方面是多么的"煞费苦心"。

上面两种植物的性格是够怪异的了,一个长年隐居地下,一个在大草原上四处流浪;然而植物世界中,还具有更怪异性格的植物。它们由于植株矮小,也不够粗壮挺拔,在浓密的森林里,它们很难得到赖以生存的阳光。若要是换了别的植物可能就会由于"饥饿"而灭绝了。但是这些植物不愿向自己弱小的身躯低头屈服,更愿意向大自然挑战。为了得到阳光它们便干脆从土壤里挣脱出来,跑到了高大的乔木上安家落户。借助于乔木的高大而得到了自己生存所需要的空间。这些植物就是人

们常说的附生植物。附生植物在潮湿的热带雨林和亚热带常绿阔叶林中普遍存在。它们主要是许多的兰科植物,例如石斛、吊兰、虎头兰等,槲蕨和崖姜蕨等各种蕨类植物,以及地衣和苔藓植物。尤其是兰科植物,它们附生在高大乔木的茎、枝甚至叶片上,依靠附生处仅有的一点尘土就能萌发生长、开花结果。有时一株高大乔木上就有10多种兰花植物在开花,仿佛形成了一个"空中花园",景象颇为壮观。地衣植物松萝附生在乔木的枝杈上,由于松萝长度从几米到十几米都有,它们在枝杈上绕来绕去,垂落下来,好像是老人脸上的胡须似的,人们把这种景观称为"树胡须"。而蕨类植物如鸟巢蕨、王冠蕨等,由于它们的吸水性很强,所以它们附生在枝杈上吸收了大量的雨水,使林冠层比地面层还潮湿,人们又称这种景观为"空中沼泽"。苔藓植物也不示弱,它们在潮湿的森林中,不仅把森林的地被层铺垫得一片绿色,而且还把许多乔木的树干也装饰得一片绿色,走进这片森林,你仿佛置身于苔藓林中似的。所以人们把这种景观称之为"苔藓林"。此外,藤本植物也借助于高大乔木的身躯而攀援到林冠的上层,接受阳光的抚慰,因此,热带雨林和亚热带常绿阔叶林中的藤本植物也是十分丰富的。对于附生植物和藤本植物,植物学家们也称它们为层外植物、层间植物或填空植物。因为它们既不属于乔木层也不属于灌木层和草本层。值得注意的是,附生植物和藤本植物,它们都是自己进行光合作用,养活自己的,它们与寄生植物不同。

可见,大千植物世界里,性格怪异的植物很多。

最轻的树木

当你来到厄瓜多尔的瓜亚基尔城的瓜亚斯河岸时,你就会发现有许多搬运工人扛着一根根又粗又长的树木飞快地走着。见到这种景象,你一定会大吃一惊,同时立刻就会对这些人的力大无比而倾倒。那你就大错而特错,原来他们扛的是一种叫轻木的树木。厄瓜多尔是轻木盛产地之一,它的祖籍在南美洲及西印度群岛。

轻木属于木棉科轻木属,也叫百色木。它是一种常绿乔木。通常一棵 10~12 年生的轻木可高达 16~18 米,胸径 1.5~1.8 米。树干笔直,树皮棕褐色;叶心形,单叶在枝条上近对生。花大而白色,着生在近枝顶的叶腋。果实为蒴果,长圆柱形,长 12~18 厘米,内面有绵状簇毛,成熟时果瓣脱落,簇毛散开成猫尾状。种子倒卵形,呈淡红色或咖啡色,外面密被绒毛,犹如棉花籽一样。

干燥轻木的比重只有 0.1~0.2，因此它比用来作暖水瓶盖（软木塞）的栓皮栎还要轻两倍。一名妇女能够轻而易举地扛起一根长 10 米、合抱粗的轻木。由于它导热系数低，物理性能好，又隔音隔热，所以是绝缘、隔音设备、救生用具、浮标指示以及飞机制造的良材。又由于它木材容量最小，不易变形，材质均匀，易于加工，因此又可制造各种模型模板等。它的种毛还可作枕头和褥子的填充材料。可见，轻木浑身都是宝。

轻木生长极为迅速，一年就可高达 5~6 米，胸径可达 30~40 厘米。喜欢生长在高温高湿的气候条件下。由于它体内细胞组织更新很快，又不会产生木质化，所以不论是根、茎、枝条都显得异常轻软而富有弹性。

轻木已在我国广西、福建、海南岛、云南及台湾等地区广为引种了。轻木是世界上最轻的商品用材之一。

杉树家族

杉树主要有水杉、银杉、秃杉等。

水杉

大家一定听到过水杉这一植物名称,它是我们国家的国宝,属于裸子植物中杉科水杉属。但是在50多年前,水杉除在我国的局部地区有少数的生长之外,世界上的其他地方根本就没有见到过它的踪影。关于水杉的发现,还有一个有趣的小故事。1943年,植物学家王战教授在四川万县考察时,在磨刀溪路旁发现了三棵从未见到过的奇异的树木,其中最大的一棵高达33米,胸围2米。当时王战教授不认识它,就将标本送给了植物分类学家胡先骕先生。胡先生和树木学家郑万钧先生一见到这份标本,就立刻认为它与其他杉科的植物不同,后来经过重新采集标本,认真研究,最后终于在1946年,历时3年多,确定了该植物就是在亿万年前在地球大陆生存过的水杉。至此,在杉科中单独增添了一个新成员,即水杉属、水杉种。

水杉的发现震惊了世界,被誉为20世纪40年代的新发现,植物界的"活化石"。远在一亿多年前,当时地球的气候十分温暖,水杉已在北极地带生长,后来移至欧、亚和北美三大洲。然而在第四纪冰川期时,由

于气候的巨变，生长在各大陆上的水杉，因忍受不了寒冷而相继灭绝了。我国由于地质地貌结构十分复杂，水杉才在我国华中地区的有限的局部地方幸存了下来。在1943年以前，科学家们只是在中生代白垩纪的地层中发现过它的化石，因此在我国发现仍然有生存的水杉，引起了科学界的极大关注和兴趣。

水杉是落叶乔木，树干通直挺拔，枝子向侧面斜伸出去。叶细长，交互对生，但叶基部扭转成假二列状，冬季叶与小枝一起脱落。它为雌雄同株，雄球花单生于叶腋或枝顶，成桶状或圆锥状；雌球花具短柄，单生于去年枝的顶端。球果下垂，当年成熟，近球形；种鳞木质，盾形，交互对生且宿存。种子具窄的周翅。水杉不仅具有杉科的特征，而且还具有一些柏科的特征。因此，水杉的发现不仅为裸子植物的进化和分布提供了证据，而且对我国第四纪地质的冰川史也作了有力的说明。

目前，水杉已成为著名的观赏树木。已有50多个国家先后从我国引种栽培，几乎遍及全球。在我国，从东北到广东的广大区域内，都有它矫健的身影。水杉的适应力很强，生长极为迅速。在幼龄阶段，每年可长高1米以上，因此是荒山造林的良好树种。此外，水杉还具有很高的经济价值，其心材紫红，材质细密轻软，是造船、建筑、桥梁、农具和家具的优良木材，同时也是质地优良的造纸原料。

水杉除在四川万县磨刀溪(现已属湖北利川县)发现外，人们又在湖南省龙山县洛塔乡新发现了三棵水杉古树。其中桴木村的一棵高达41米，胸围5.8米；富强村有两棵，其中一棵胸围4米，另一棵胸围3.7米，高度都是46米。据考证，这三棵树都已有300年左右的历史了。因此，假如你想领略一下参天的水杉古树的风韵，你可到这两个地方来满足你的心愿。

银杉

　　它和水杉一样被誉为植物界的"大熊猫"、"活化石"。所不同的是银杉不是杉科的植物而是松科的常绿乔木。树干高大笔直,枝叶茂密,尤其是在其碧绿的线形叶背面有两条银白色的气孔带,微风吹过,气孔带在刚光的照耀下银光闪闪,这便是银杉美名的由来。

　　远在新生代第三纪时,银杉曾广泛分布于北半球的欧亚大陆。科学家们在德国、法国、前苏联以及波兰等地都发现过它的化石。那时,银杉在这些地区繁茂生长。可是距今200~300万年前,地球开始变冷,巨大的冰川袭击了整个欧洲和北美,银杉丧失了它的生存环境,相继灭绝了。而在我国的一些地方,由于地理环境独特,冰川没有侵袭到那里,这样银杉等珍稀植物便幸存了下来,成为历史的见证者。

　　银杉是1955年夏天在我国首次发现的。著名的植物学家钟济新先生在广西桂林附近的龙胜花坪林区进行野外考察时,发现了一株外形很像油杉的苗木;此后又采集到了该植物完整的树木标本。在陈焕镛教授和匡可任教授的共同鉴定下,认为该植物就是被植物学家认为在地球上,早已绝迹的,现在只保留着化石的珍稀植物——银杉。这一发现也在世界植物学界引起了巨大的轰动。从此,松科的家族中又增添了一名新成员。

　　银杉为常绿乔木,高可达20米,胸径40厘米以上。其树皮暗灰色,老时则裂成不规则的薄片。叶枕近条形,稍隆起,顶端具近圆形、圆形或近四方状的叶痕。叶螺旋状着生成辐射伸展,在枝节间的上端排列紧密,成簇生状,在其之下侧疏散生长,叶多数长4~6厘米,宽2.5~3毫米,边缘微反卷。叶条形,多如镰状弯曲或直,先端圆,基部渐窄成不明显的叶柄。雄球花开放前长椭圆状卵圆形,盛开时穗状圆柱形。球果成熟前绿色,成熟时由栗色变暗褐色,卵圆形、长卵圆形或长椭圆形。种子略扁,斜倒卵圆形,基部尖。

自 20 世纪 50 年代在我国发现银杉以来,到 1979 以后又有发现。如 1979 年 10 月在湖南省新宁县海拔 920 米和 1050 米两处,共发现银杉 50 株。1980 年在四川东南部南川金佛山海拔 1600~1800 米的山脊地带又发现了 50 多株银杉。此后在贵州省道真县杨溪乡海拔 1400~1600 米处还发现了成片的银杉。

银杉是古老的孑遗植物,由于它结实很少,因此育苗工作十分困难。为了挽救这一濒于绝灭的植物,人们不仅保护好现存的银杉,而且湖南竹新宁县林科所还首次采用嫁接方法繁育银杉,获得了成功。不仅如此,植物学家们通过研究,使银杉从南方走到了北方,早北京植物园育成了 5 株银杉,使更多的人能够一睹银杉的风采。

世界林学家们在衡量国内外标本室的标本价值时,首先看是否有银杉的标本,从这一点我们也可以看到银杉有多么珍贵。

银杉是我国特产的稀有树种,现存的银杉树木为数不多,为了很好地保存这一古老的稀有树种,除了对现有树木应严加保护外,还应该采取科学方法大力繁殖银杉,使这一国宝能千秋万代生存下去。

秃杉

它是世界稀有的珍贵树种,只生长在缅甸北部以及中国台湾、湖北、贵州和云南等省。秃杉是杉科台湾杉属植物。该属只有两个种,即秃杉和台湾杉,因此它们是"孪生兄弟",尽管它们长相相似,又分布在同一地区,但它们之间还是有明显区别的。秃杉的叶比台湾杉的叶窄,球果的种鳞比台湾杉多。它们都是珍稀树种,但是由于秃杉的数量更少,因此,秃杉被列为国家一类保护植物,台湾杉则屈居第二类。

秃杉最早是1904年在台湾中部中央山脉乌松坑海拔2000米处被发现的。后来发现秃杉在台湾中央山脉海拔1800~2600米的地方,散生于台湾扁柏及红桧林中。此外,在云南西北部和湖北利川、恩施交界处以及贵州省的苗岭山脉主峰雷公山一带的雷山、台江、剑河等县也发现有成片的秃杉林。

秃杉的珍贵价值在于,它是古老的孑遗植物,对研究古植物区系、古地理、第四纪冰期气候和杉科植物的系统发育都有重要的科学价值。另外,它又生长迅速,材质优良,又是重要的速生造林树种。

秃杉为常绿大乔木,高可达75米,胸径3.65米;树皮淡褐灰色,呈不规则的长条片开裂。叶四棱状钻形,排列较密,相互重叠,四面有气孔线。雌雄同株;雄球花2~7簇,生小枝顶端;雌球花单生枝顶,直立;球果长椭圆形或短圆柱形;种子长圆状卵形,扁平。

秃杉适宜于在亚热带季风湿润地区生长,所在地年平均温度11.2~15.4℃,年降水量1050~1500mm。在云南高海拔地区冬季可耐-10℃的低温,土壤为酸性红壤或黄壤。秃杉属于浅根系,中性偏阳树种,侧根发达。生长快,寿命长,干形端直。10年前的幼树生长缓慢,10年后树高生长显著增加,最大的年生长量树高可达2米,胸径达2.4厘米。秃杉的花期在4~5月,球果为10~11月成熟。秃杉至今仍有其天然林分布和树龄达500年以上的大树。由于树干笔直,材质优良,而遭到大量砍伐,分布显著减少,同时又因为天然更新不良,使秃杉处于濒危状态。

目前,在贵州省雷公山建立了以保护秃杉为主的自然保护区。同时在云南和湖北等地应选择自然植被完整的地区建立保护区,大力发展人工育苗造林,建立种子基地。只有采取多方面的保护措施,才能保护好秃杉这一世界珍贵的孑遗植物,不至于从地球上消失。

仅存一株的植物

在我国的名胜古迹普陀山的慧济寺西侧的山坡上,生长着一株令全人类都为之担忧的植物——普陀鹅耳枥。由于植被破坏,生态环境的恶化,目前该植物在整个地球上就只剩下这一株了。再加上它在开花结实期间受大风侵袭,致使结实率很低,而当种子即将成熟时,又受台风影响而多被吹落,因此更新能力极弱,至今树下及周围不见幼苗,同时人工繁殖工作也十分困难。

所以这棵植物的命运牵动着亿万人的心。

普陀鹅耳枥属于桦木科鹅耳枥属的植物。它为落叶乔木,高达13米,胸径70厘米,树皮灰白色,光滑;叶厚纸质,卵状椭圆形至宽椭圆形,长5~10厘米,宽3.5~5厘米,叶柄长5~10厘米;花单性,雌雄同株,雄花序着生于 1 年生的枝条上，长 2.5~3.5 厘米，下垂；果序长 4~8 厘米，小坚果卵圆形。

1930 年 5 月，我国著名植物分类学家钟观光教授首次在普陀山发现了普陀鹅耳枥。后来经过树木学家郑万钧教授的研究，于 1932 年正式命名了这一植物。在 20 世纪 50 年代以前，普陀鹅耳枥在普陀山上还有较多的分布，可惜由于天灾人祸，渐渐地个体数量越来越少，到今天只留下了这一孤遗。大家可想而知，它该是多么的珍贵，因此被列为国家重点保护植物。普陀山现已划为国家重点自然风景保护区，尤其对本种的保护极为重视，为了防止游人攀折，最近已在植株周围加坎维护。

我国只剩一株的树木，除普陀鹅耳枥之外，还有一种是生长在浙江西天目山的芮氏铁木，又称天目铁木。该种植物目前也只剩这一株自然生长的植株了。这株国宝也是桦木科的植物，属于铁木属。为落叶小乔木。可喜的是，1981 年这棵铁木结了少数几粒果实，植物学家已用它的种子进行育苗试验，取得了成功。铁木材质较坚硬，可用以制作家具及建筑材料等。

此外，松科的百山祖冷杉是近年来在我国东部中亚热带首次发现的冷杉属植物，现仅存五株，其中一株衰弱，还有一株生长不良。

百山祖冷杉是我国特有的古老残遗植物，是苏、浙、皖、闽等省唯一生存至今的冷杉属中的珍稀物种，它对研究植物区系和气候变迁等方面具有较重要的科学意义。目前该植物分布于浙江南部庆元县百山祖南坡海拔约 1700 米的林中。目前当地林场已将这仅有的五株百山祖冷杉保护了起来。近年来，有关人士及部门正在积极探索繁殖措施，来拯救这一树种免遭灭绝之灾。目前依靠以日本冷杉为砧木进行枝接，用髓心形层对接法、围土劈接、靠接获得了成功，保存了部分幼苗。

最硬的树木

西双版纳黑檀是中国最坚硬的树木之一。它是1979年在西双版纳的热带密林中发现的一种珍贵用材树种。版纳黑檀木材结构极其致密,纹理交错,心材黑褐色,具瑰丽的花纹。其硬度和强度异常之大,比重达到1.13克/厘米^3。如果把一块版纳黑檀木放入水中,它就会像铅块一样立即沉入水中。

版纳黑檀属于豆科黄檀属。为落叶乔木,高可达20米,直径50~70厘米;树皮厚、平滑,条块状剥落,褐灰色至土黄色。奇数羽状复叶;圆锥花序腋生;花小,蝶形;花瓣白色,雄蕊且连成一体;子房具长柄,荚果舌状。

该种植物分布在云南省西双版纳地区,生长于海拔700~1700米的山地,但在900~1400米地段较为集中。由于当地群众有烧山的习惯,森林受到严重破坏,大多数中龄树及幼树都难以长大成材,植株数量越来越少。现在版纳黑檀已被列为濒危种而被保护了起来。

保护版纳黑檀的价值在于它是我国国产木材之珍品。其心材黑褐色、材质坚硬致密,花纹瑰丽,极强韧,内含丰富的脂类物质,其切面光滑油润。即使干燥之后,木材也不会开裂变形,是一种类似进口红木的特级硬木原料。常用于制作高级管弦乐器、红木家具及工艺美术雕刻等。此外,它还是一种良好的紫胶虫寄主树,因此版纳黑檀具有很好的发展种植前景。

我国还有一种较硬的树种是与版纳黑檀同属一科一属，名叫降香黄檀。降香黄檀分布于我国海南岛的西部、西南部和南部等地。生长在海拔600米以下的山区，至今在海南岛昌江县七差尚有2株高达25米的母树。降香黄檀是海南岛特有的珍贵树种，其心材极耐腐，切面光滑、纹理美致，并且香气经久不灭，为名贵家具、工艺品等的上等木材；心材可入药，能够代替进口降香；其木材的蒸馏油香气不易挥发，可作定香剂。

豆科黄檀属在世界上目前共有120个种，主要分布在热带至亚热带地区。我国大约有30种。分布在淮河以南的广大地区。该属的树木，其材质都很坚实强韧，是一个名副其实的"硬木家庭"。

版纳黑檀和降香黄檀固然很坚硬，但是它们还是硬不过铁桦树。铁桦树堪称是世界上最坚硬的树。子弹打在该树上，就好像打在厚钢板上一样，纹丝不动。铁桦树的木材比普通钢铁硬一倍，比橡树硬3倍，因此在某些情况下可作为钢材的代用品，用于国防工业。

由于铁桦树十分坚硬，因此入水就沉。即使长期浸泡水中，其内部也能长期保持干燥。

铁桦树高约20米，胸径约70厘米，其寿命可长达300~350年。树皮暗红色或近黑色且上面密布白色斑点。它的分布区很窄，只生长在我国与朝鲜接壤的地区。另外，在前苏联南部和朝鲜南部也有分布。因此，铁桦树不仅是我国最硬的树木，而且也是世界上最硬的树木。

最具毒性的植物

在植物王国中,具有毒性的植物不计其数,其毒性有强有弱。大家在电影或电视中经常可以见到少数民族部落的猎人常用带有剧毒的弓箭射杀动物或敌人。这些弓箭上的毒物,都是用有剧毒的植物熬成的毒汁涂在上面的。在这些有剧毒的植物中,毒性最大的当数箭毒木。

箭毒木,属于桑科见血封喉属。因此它还有一个可怕的名字,叫见血封喉。如果人或动物的皮肤破裂之后碰到见血封喉的树液,人或动物会很快死亡。可见它的毒性有多强。所以见血封喉是我国已知最毒的植物。

见血封喉分布于我国云南南部至西南部的勐腊、勐海、景洪、打洛等地,广西东部和南部的一些区域和广东西南部以及海南岛等地海拔1000米以下的山地或石灰岩谷地的热带季雨林和热带雨林之中。此外,在印度、斯里兰卡、缅甸、越南、柬埔寨、马来西亚和印度尼西亚也都有分布。见血封喉为常绿大乔木,高可达40米,具有板状根;叶互生,二列,长圆形或长圆状椭圆形,花单性,雌雄同株,雄花密集于叶腋,生于肉质、盘状、有短柄的花序托上;雌花单生于具鳞片的梨形花序托内,于春夏之际开黄色花朵;果肉质,梨形,成熟时鲜红色至紫红色,如杏般大小。别看此树有剧毒,但其果实却有一种芬芳的波萝蜜气味。

见血封喉是本属四种植物中唯一一种分布在我国的植物。其树液的剧毒成分为α—见血封喉甙和β—见血封喉甙。当树液中的剧毒成分

进入人的伤口后,会引起肌肉松弛、血液凝固、心脏跳动减缓,直至最后心脏停止跳动而死亡。

见血封喉除其毒性在医学研究上有重要价值外,它还有其他方面的用途。如其树皮纤维细长,强力很大,容易脱胶,可作为麻类的代用品,也可作人造纤维原料。

尽管箭毒木的毒性很强,但是人们还是可以解它的毒性。如果不慎中了箭毒木的毒,可立即前往医院,在皮下注射1~2毫克甲基硫酸新斯的明就可立即解毒。在民间,老百姓也有许多解毒药方,例如一种是将红背枃叶连根捣烂,加淘米水搅匀,过滤后服用即可解毒;还有一种方法是先嚼大叶半边莲,并吞下原汁,再嚼金耳环(一种叫细辛的植物),并吞下原汁,最后吃牛或煮熟的番薯,也可化解箭毒木的毒性。

在我国还有一种植物,其毒性比箭毒木稍弱一点,它的名字叫毒空木,属于马桑科马桑属的植物。毒空木为一灌木,从根到叶都有剧毒,如果不小心碰到它,会产生瘙痒、疼痛、灼热感,严重时会呼吸困难、四肢抽搐。它的果实为红色,形状与大小如同李子,果有甜味,很容易引诱不认识它毒性的人去品尝。若误食其果便会中毒死亡。据分析,毒空木的毒性是来自它的茎和枝中所含有的没食子酸和山柰酚以及马桑毒素,土亭等。

若不幸误食或伤口中毒,可在肌肉内注射0.1克苯巴比妥纳,并用10%水合氯醛灌肠,再静脉注射葡萄糖液或静脉滴注葡萄糖盐水。待痉挛控制住后,可考虑洗胃、导泻及服蛋清来加以调理。毒空木不仅自身有毒,而且寄生于其上的植物也有毒。老百姓常用毒空木的叶子捣烂后拌在饭中,用以消灭老鼠。

毒空木分布在中国台湾和江苏等省区。

茶的发源地

茶、咖啡和可可被称为世界上的三大饮料。其中之一的茶便原产于我国。我国是世界上最早发现和最早利用茶叶的国家。

早在公元前几世纪，在我国开始有农业的时候，就已经认识茶叶了，只不过那时只知道它的药用性而不知它的饮用价值。据考证，我国至少在2500年以前，就已经开始栽培和制茶了。在三国时期，江南一带已有饮茶的习惯；魏晋南北朝时，已用茶来款待客人，并已有茶文学的兴起和发展；到唐朝时，就已有了专门的茶馆子。世界上第一部关于茶的著作《茶经》就是陆羽在唐朝完成的。《茶经》中论述了茶的起源、种类、特性、制法、烹煎、茶具、水的品第、饮茶风俗、名茶产地以及有关茶的典故和用茶的药方等。是当时关于茶的最权威的著作。

茶叶被传至国外，最早是在我国鼎盛时期的唐代。一个日本僧人从中国把茶籽带回日本的贺滋县，并进行种植，此后茶便在日本渗透进入他们的日常生活之中;到16世纪葡萄牙人就将茶叶带到欧洲,那时欧洲人只把茶叶当作标本保存,还不曾利用,后来在欧洲成为了稀罕的珍贵饮料;1600年,俄国人波波夫秘密偷运茶叶种,并在俄国开辟了茶园。1684年,印度尼西亚从我国输入茶籽,开始种植茶树;1780年,茶的制法传入印度,1893年传入斯里兰卡。此后随着交通的发展,茶叶渐渐地传到了世界各地。19世纪中叶,英国人沃福顷(R.Fortune)4次来中国学习种茶制茶技术,从此欧洲人才知道红茶和绿茶只是制作方法不同而已,并不是两种植物。时至今日,印度和斯里兰卡这两个国家的出口的茶叶已大大超过了我国,成为我国茶叶外贸中的劲敌。

茶树是山茶科山茶属的植物,为常绿灌木或小乔木;叶革质,有锯齿;花两性,萼片5~6,由苞片渐次变为花瓣,雄蕊多数;花白色,蒴果。在长江流域及长江以南各地广泛栽培。茶叶中含有的营养物质十分丰富,有维生素B 维生素C、维生素K以及尼克酸等,此外还含有生物碱和单宁,具有提神养精,促进血液循环,强心、利尿和帮助消化的功能。据说过去茶叶未传入欧洲时,欧洲人长期在海上航行,很易得败血病而死去,后来他们在船上喝茶,补充了体内的维生素,故不再得败血病了。可见茶叶对维护人的身体健康有多么重要。中国最名贵的茶叶,当首推龙井茶。龙井茶产于杭州西子湖畔的西南丘陵地带。那里气候温和、湿润,土壤为酸性,为龙井茶生产提供了得天独厚的自然条件。龙井茶栽培历史久远,自元代时就已出名了。龙井茶的名贵之处在于一是产地小,产量不大,二是制造龙井的茶叶要采自茶树顶端为数不多的几个尚未开放的幼叶。据说炒制二斤"特级龙井",需要三万多个幼嫩的芽头。可见其珍贵之极。龙井茶色泽翠绿,形如雀舌,香气浓郁、味甘爽口。品上一杯,心情顿觉豁然开朗,心旷神怡之感传遍全身。

此外,产于我国江苏无锡太湖中的东、西洞庭山上的碧螺春、南京

的雨花茶、"松萝香气盖龙井"的安徽休宁的松萝茶、黄山的毛峰茶、"色香幽细比兰花"的庐山云雾茶、河南信阳的毛尖茶、云南的普洱茶和沱茶……都是举世瞩目的名贵好茶。

在山茶属这个家族中,全世界共有220种,而我国就拥有190种之多。因此,我国是全世界山茶属中植物种类最多的国家。而云南省又汇集了我国大多数的茶树种类和品种,所以云南有"云南山茶甲天下"之美名。我国一些古老的高大名贵茶树也产自云南。例如在云南西双版纳勐海县南横山村,有一棵大茶树,高为5.47米,主干周径1.38米,树冠近100平方米。据记载,这棵大茶树已有800多年的历史了,至今仍枝叶茂盛,每年都可采摘到一批鲜叶,当地人称它为"茶树王"。但在云南省普洱县还有一棵被当地称作"茶树王"的大茶树。它高13米,粗3.2米,据记载已有1700年的历史了,因此它是我国现存最古老的一棵茶树。我国最高的茶树位于西双版纳勐海县巴达乡原始森林中,这棵茶树高达32.12米,胸径1.03米,据鉴定,它是我国迄今发现的最高的茶树。

茶树因其树冠整洁、叶片碧绿,花香醉人,所以还是著名的观赏树木,用于园林绿化之中。此外,茶树的根能入药,具有清热解毒的作用,木材致密,还可供细木工用。其种子可榨油供润滑和食用。

能食动物的植物

在人们眼中,动物吃植物或动物吃动物是天经地义的事,那么忠诚厚道,自始至终坚守自己岗位的植物能吃动物吗?它们能改变一下自己只从泥土中吸收养分而不能品尝动物美味佳肴的命运吗?我们说是能够的,否则自然界对植物也太不偏爱了。但是并不是所有的植物都有这个口福,正像动物一样,也有只吃植物的动物。据统计,全世界共有食虫植物约400多种,而中国则有30多种。

猪笼草就是一种典型的能吃动物的植物。它属于猪笼草科猪笼草属,生长在我国海南岛和广东省的一些区域。它是一种半木质性蔓生植物,其叶片可分为四个部分:基部的叶柄,接着是宽大的叶片,叶片前端的中脉伸出,特化成卷须,可以攀援它物。而卷须末端膨大成为一个囊状物,也就是它的捕虫袋,因这个袋状物形如猪笼,故名为猪笼草。这个别具匠心的"猪笼"的袋口上方有一个半开着的袋盖,可防雨水淋进,囊盖、囊口和囊壁上具有不同形态的腺体,能分泌出芳香的蜜汁诱惑昆虫,袋长约12~16厘米,袋内下部有能分泌消化液即蛋白酶的腺体,常盛有半袋水液。囊口边缘内卷并收缩加厚而成光滑的齿环或倒刺,囊内壁由于由蜡质构成而异常润滑。在捕虫袋鲜艳的颜色、香甜的蜜汁引诱下,使得许多受不住蜜汁诱惑的昆虫在进入笼内时,一不小心便一失足成千古恨,囊盖立即紧实地盖住,失足滑入囊底的昆虫首先被水液中的胺和毒芥碱麻痹而不能动弹,接着在蛋白酶的消化下,它就成为猪笼草一顿美味的肉食佳肴。捕虫笼的颜色花纹

美丽,大小不一,小的如人的大拇指般大小,大的甚至可以容纳1~2升水。有人通过研究发现,猪笼草捕食的昆虫是以膜翅目的各种蚁类为主,同时还有鞘翅目的甲虫和双翅目的蝇类等。猪笼草"吃"昆虫,并不是将昆虫全部吃下,而是分解了被捕昆虫身体中的蛋白质,并被囊壁所吸收,而由几丁质构成的躯壳仍留在囊内。

瓶子草科的瓶子草也是一种十分有趣的食虫植物。它的捕虫器官也是由叶特化而来的。这个多年生草本植物的叶形如瓶子,在"瓶"的尖端有一个小叶片,承担着瓶盖的作用。而"瓶口"内壁上密生倒刺,昆虫一旦误入,则是有进无出,瓶子草便慢慢地品尝它的劳动果实。瓶子草分布在北美洲和大西洋地区。

能够食虫的植物还有许多。如茅膏菜、与茅膏菜同属一科茅膏菜科的毛毡苔、狸藻科的狸藻、高山捕虫堇、挖耳草、圆叶挖耳草以及茅膏菜科的锦地罗、捕蝇草等等。它们捕虫各有其绝技。如茅膏菜和毛毡苔都是依靠特化成盘状的叶片来作为捕虫的武器,其叶缘和叶面上都密生着许多腺毛,腺毛能分泌黏液,当昆虫或其他小动物光临它长满腺毛的叶片时,黏液便粘住了这些可怜的小动物,随即叶片迅速闭合,小动物们便被茅膏菜和毛毡苔的消化液所消化,茅膏菜和毛毡苔享受了一顿肉食的美味。

植物为什么要"吃"动物呢?是它们不再想做一名通过光合作用而自食其力的劳动者了吗?还是一时兴趣,想换换口味?经过科学家们的深入研究发现,原来食虫植物的祖先,在很久以前是生长在氮素养分十分缺乏的土壤或水域中,为了能得到健康而全面的发育生长,经过漫长的演化,一部分叶子就演变成了形形色色的捕虫器,以捕食昆虫来补充生长所需要的氮素营养。这也是这些食虫植物至今仍生活在潮湿而贫瘠的土壤或水体中的原因。不过它们并没有忘本,在捕虫享受美味佳肴时,仍勤勤恳恳地进行化合作用制造有机物质,除供自己生活外,还供应其他生物生活之用。

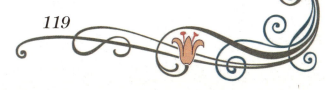

三大毒品植物

罂粟、古柯、大麻被称为世界三大毒品植物,这些植物是以特殊形式被吸毒者"享"用,并不是马上中毒身死,而是逐渐摧残身体,等于慢性自杀。

罂粟属罂粟科罂粟属,本属有许多种,以罂粟这个种类最著名。是一种一年生草本植物,茎直立,高达1.2米,叶片长圆形,长达20厘米,宽达15厘米,基部心形,边缘有不整齐的缺刻或为粗锯齿乃至稍呈羽状浅裂。花单生于茎顶端,花大美丽,直径达10厘米,有4个花瓣,有时花瓣多,有白色,粉红色,红色或紫色等色。雄蕊数目多,雌蕊含心皮多数个,合生,没有花柱,柱头的样子特殊,呈放射状位于子房顶部。果实球形,颇大。成熟时在果实近顶部处环绕许多小孔状裂,种子又细又多。此种植物原出于欧洲南部,现已广布世界各地栽培,为著名毒品植物之一,也作药用。

罂粟的毒性物质在它的未熟果实的乳汁中,乳汁含生物碱,在罂粟花瓣落后约十来天之后,用刀划破其未熟果

皮,就有乳液渗出,待其干后变硬再刮下来就是生"鸦片",气味强烈。生鸦片再经烧煮和发酵就成了熟鸦片,吸毒者吸食的就是熟鸦片,吸食时,有强烈的香甜气味。鸦片是一种很好的镇静止痛药。其有效成分为"吗啡"(Morphine),大约含量为7%~14%。可以提取出来,从罂粟的茎秆中也可提出吗啡。鸦片、吗啡既然为止痛,镇静药,为什么又叫毒品药?如果是正当医疗为目的而用之,是允许的,但超出此范围用药,反复使用以致发生耐受

性、身体依赖性和精神依赖性,造成精神混乱和产生异常行为,一方面有害滥用者的身体健康,另一方面又带来严重的社会问题,那么就成毒害了。西方国家把鸦片列为非法毒品之一就是这个缘故。

　　1898年,德国人从吗啡中又提炼出镇痛效果更好的新药,名叫"海洛因"(Heroin),海洛因比吗啡更加危险,因为它的成瘾性、药效比吗啡高出2~3倍。而且体积小得多,这就给贩运毒品带来了方便。因此,1912年在荷兰海牙召开的鸦片问题大会上,与会各国一致要求管制海洛因的制造和严禁贩运。在今天毒品黑市上见到的海洛因成品有海洛因碱、3号海洛因和4号海洛因,海洛因碱和3号海洛因是淡灰色或淡褐色的,4号海洛因是白色的,是无味透明的细粉末状物。据说吸食海洛因的人,当吸食之初马上感到一种"冲劲",有销魂之快感,这之后就进入麻醉状态。这对好吸毒者有无比的吸引力。染上了毒就脱不了身。对不吸毒的人来说,简直不可理解。但吸食海洛因久之就中毒深了,表现症状就是

瞳孔极微小,皮肤发黑,呼吸极慢,终至呼吸中枢麻痹而死亡。

古柯为另一种毒品植物,属古柯科的古柯属,为一种常绿灌木植物。单叶互生,花黄色,两性花,萼片5,花瓣5,雄蕊10,果实小,圆球形或卵形,熟时红色。此植物原产于南美洲的安第斯山脉,在5000多年前就已知道了古柯。在15世纪时,西班牙殖民者去美洲大陆,印第安人的逃生者躲入深山老林中,这些人发现了古柯叶使人可以抗寒、提精神,且可暂时忘记痛苦。当时

只是嚼食古柯叶而已,后来此习惯传遍了美洲大陆,就连西班牙移民也食,今天更是风行,几乎人人知道古柯叶。现秘鲁一国有100万人嚼古柯叶。在玻利维亚,人们还喝古柯茶,极为普遍,此茶不苦不涩,而且还有香味。玻利维亚种植古柯面积占全国面积的40%。

为什么称古柯为毒品植物?因为从古柯叶中可以提炼出"可卡因",大约1公斤古柯叶浆可以提出90克可卡因。可卡因也叫古柯碱,每天嚼25~70克古柯叶,就等于吸进了112毫克的可卡因。可卡因对人体明显起兴奋作用,而且易成瘾,这就构成了它的毒品的性质。1884年弗洛伊德写了《关于古柯树》一文,描述了他使用可卡因的体会:"可卡因对神经的效应包括兴奋感和长久不衰的欣快感,这种欣快感和一个健康人所具有的正常欣快感并无差别,使用者可以毫无倦意地从事长久、紧张的脑力和体力劳动,竟一点也觉察不出来是在药物的支配下。"但是长期使用可卡因就有体重下降、忧虑、失眠、面色白、呕吐、脉搏衰弱、产

生幻觉,最后导致呼吸衰竭而死亡。

1903年以前,"可口可乐"这种世界著名的饮料中就加入了"可卡因",为的是使可口可乐具有让人成瘾的特性,从而可以大赚其钱,美国使用可卡因有100多年的历史,后来才发现可卡因毒性太大从而禁止使用,可口可乐饮料中才停止加入可卡因,而掺入咖啡因代之。

大麻在常人眼中是一种纤维植物,因为它的茎秆韧皮纤维发达,可以利用其做麻袋。这是一种一年生草本植物,高可达1米,掌状复叶,花雌雄异株。为什么大麻也成了毒品植物?实际大麻之有毒者是指产于印度的大麻的一个变种。可能是地理气候环境关系,印度的大麻植株较矮,分枝多。特别的是它的雌株枝上端以及叶子、种子(实指果实),还有茎秆中均有树脂,名叫"大麻脂",从中可以提取大麻毒品,尤以开花的茎顶部含毒品量高。大麻脂中含有400多种化合物,其中最突出的是四氢大麻酚,它能对人的神经起毒性作用。用大麻脂制的毒品混入烟叶里,做成烟卷可以卖给吸毒者抽用,一支这种烟卷就可以供好几个人吸食而上瘾,价钱很便宜,比"海洛因"和"可卡因"便宜多了,因此大麻被称为穷苦人用的毒品,而可卡因则为富人阔佬用的毒品。

小剂量的大麻毒品被吸入身体后,就有洋洋自得,精神兴奋的感觉,并莫名其妙地唱歌和痴笑。同时感到时间过得太慢了,由于损害人的平衡功能,使人站立不稳,手有颤抖之感。如果吸食大麻多了,就会产生幻觉和妄想,引起大脑思维混乱,失去自我控制能力,对于饮食和卫生均无兴趣等等。这就已经是一个疯人了,到此阶段也无有效药可治,即使不死亡也得短命。

荷花

荷花是生长在池塘里的水生植物,怎么会长到雪地里去的呢?原来本处介绍的不是一般的荷花,而是一种菊科植物,因其开花时也像荷花而得名。这种雪上荷花就是雪莲。号称雪莲的植物有好多种,它们较集中生长在云南、西藏、四川、新疆的高山地带,其中新疆天山以及青海、甘肃产的一种雪莲最著名。这种雪莲习生于雪线附近多砾石的地带,又名新疆雪莲花或大苞雪莲花,多年生草本,高10~30厘米,茎粗壮,叶密集,无柄,叶片倒披针形,长10~13厘米,宽达4~5厘米,边缘有锯齿,头状花序密集顶生,总苞片大,叶状卵形,多层,近似膜质,白色或淡黄绿色,小形的花棕紫色,冠毛白色。常于七月开花。大苞雪莲在将要开花时,其总苞是包着的,有点像洋白菜。

雪莲花之名来于《本草纲目拾遗》,此书认为雪莲全株入药,可治一切寒症。《云南中草药》云:"调经、止血、治月经不调、雪盲、牙痛、外伤出血。"《本草纲目拾遗》还描述了雪莲花的生活习性和形状:"雪荷花产伊

犁西北及金川等处大寒之地,积雪春夏不散,雪中有草,类荷花,独茎,亭亭雪间可爱。较荷花略细,其瓣薄而狭长,可达10~15厘米,绝似笔头,云浸酒则色微红。"

除上述大苞雪莲花外,尚有绵头雪莲花,全株密生白或淡黄色长柔毛,高达25厘米,叶密集,披针形或狭倒卵形,长2~10厘米,密生白色长毛,头状花序多数密集,总苞片狭长,长12毫米,宽仅2毫米,无毛,花全为管状花,果实扁平而小。6~7月开花。此种分布四川、云南和西藏,生于流石滩上石缝中。另有水母雪莲花,高约20厘米,全株密生白棉毛,茎粗短,叶密生,叶柄扁长,叶片卵圆形,边缘有条裂状锯齿。头状花序密生,花紫色,冠毛灰白色。本种分布西藏、云南、四川、甘肃和青海。多生于高山地带的石砾缝间。另外,出名的还有西藏雪莲花和毛头雪莲花,皆矮小白毛,草本,花紫色,均可作雪莲入药。

人名药

中药里常有以人名为名的药,往往令人生异,实际都是由药效传说来的。例如"刘寄奴"这种药,其原植物有两种,南方产的是菊科蒿属的奇蒿的全草,此草形状像艾蒿,高可达1米,叶有细齿。头状花序,花黄白色。北方产的是玄参科的阴行草的带果实全草,此草一年生,高50~80厘米,上部多分枝,叶对生,叶片2回羽状全裂,裂片条状披针形,宽仅1~2毫米,花对生,黄色带红紫色,果实为蒴果包于宿存萼内。此草实际南方也有。

刘寄奴的药效,据《开宝本草》:"刘寄奴疗金疮,止血为要药,产后余疾,下血,止痛。"现代临床研究证实刘寄奴外用治烧伤,外伤出血时用刘寄奴煎水汁洗伤口能消炎止痛。

为什么叫刘寄奴?传说此为南朝宋武帝刘裕的小名,当他尚未当上皇帝时,曾带兵打了胜仗,在追歼敌残兵到一山边时遇一大蛇挡路,他一箭射伤大蛇,次

日又去那里看看，听见有人声在捣烂什么东西，发现有几个小孩在捣药，一打听，才知是他们的大王被箭伤，正捣药为之敷治，刘裕赶走小孩，把他们的药取回，就是治金疮的好药，人们不知此药名就叫"刘寄奴"了。

"徐长卿"为多年生草本，叶对生，叶片狭长，披针形，全缘。顶生圆锥花序，花黄绿色。果实刺刀形，长达6厘米，种子顶端有白色绢质种毛。分布自辽宁、河北至中南、华东地区，习生于山坡向阳的草丛中。

"徐长卿"的全草带根入药。有镇痛、止咳、利水消肿、活血解毒的作用，治胃痛、风湿疼痛、慢性气管炎、痢疾、肠炎等。为什么叫"徐长卿"？据说古代有一个医生，名叫"徐长卿"，他常用一种草做成药粉来帮助人们治各种瘟病，群众不知药的名字，就称这种药为"徐长卿"，而这种草也相应地叫"徐长卿"了。

虫草

中药中有一种极奇特的虫草,又名冬虫夏草。到底是虫还是草?抑或二者均不是?原来虫草是象形而起的名字。它生长在海拔3500~5000米之间的气候高寒,土壤湿润,有机质多的高山草甸顶部,以及分水岭两侧的草地及地势较平缓的山坡上。在冬天是一条虫,潜伏在土中,夏天则由虫部头顶伸出一枝像草样的东西而因此得名。实际它是一种昆虫和真菌的结合体,生长周期为一年。当夏季时,有一种名叫虫草蝙蝠蛾(属于蝙蝠蛾科)的昆虫,产卵于高原的牧草花叶上面,经过一段时期,卵孵化出幼虫,钻进土层,依靠高原上生长的珠芽蓼等植物的根茎提供食物,待幼虫长大,形似一条条小蚕,呈黄色。而这时在上一代的虫草的真菌(叫"冬虫夏草菌",属于麦角菌科)已经繁殖出了成熟的子囊孢子,孢子散落地上,借助水湿入土,当触及虫体时,就寄生在虫体内,靠虫体供给养料为生,进行繁殖,等到次年春天,真菌进入了有性繁殖时期,就从虫体的头部长出一根紫红色似的小

草(不是一般绿色的小草)的东西来,实际是真菌的子座,约有 2~3 厘米长,外表看来,好像下部是虫体,上部是小草,就成为虫和草合一的虫草了。实际它与有花植物的草本植物不相关。在青海省的玉树高原,盛产虫草,好的地区每亩平均有虫草 100 多根,虫草的质量也高。虫草也是出口创汇的重要药物之一。

虫草这种奇特的生长周期,在古代人中也早已知之,《聊斋志异外传》描写得十分有趣:"冬虫夏草名符实,变化生成一气通,一物竟能兼动植,世间物理性难穷。"

虫草是一种珍贵的中药,是与人参比美齐名。虫草之名源出《本草问答》,"冬虫夏草"之名源出《本草丛新》,该书认为虫草"保肺益肾,止血化痰,已劳嗽"。中医总结出虫草重要功能是补虚损、益精气、止咳化痰。可治阳痿遗精,腰膝酸痛等多种病,现代医家研究证明,虫草有多种生物活性,可预防心脑血管病和降血脂,对癌症有预防作用,是值得进一步研究的药物。

虫草也是一种食物,它含有人体必需的 8 种氨基酸,还含蛋白质、碳水化合物、脂肪等。用虫草炖鸡吃对病后体虚者是上好的补品。

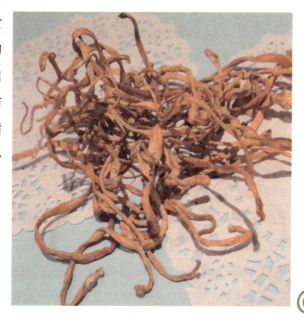

什么是"蒙汗药"

读《水浒传》第十六回《吴用智取生辰纲》时,有趣的描述是,施用计策,把蒙汗药搅在酒里,巧骗早有所提防"被蒙汗药麻翻了"的杨志与众军,使他们喝下一桶蒙汗药酒。结果个个头重脚轻,面面相觑,都软倒了。杨志口里只是叫苦,软了身体,挣扎不起,十五人眼睁睁地看着那七个人把金银财宝装了去,只是起不来,挣不动,说不得……这一描写活生生地表达了被蒙汗药麻翻了的人的醉呆之态。今人想来,那蒙汗药到底是什么东西竟有如此之威力?

对于"蒙汗"二字之含义,有关专家学者看法尚未一致,有的认为"蒙"就是"蒙昧",意即"昏迷"。而汗字为"汉"的谐音,音即"汉子",指古代江湖上的人物为汉子。也有学者认为"蒙"字应理解为"闷",是江湖隐语一音之转。所谓"蒙汗药"即"闷汉药",或曰迷人药。能迷晕汉子之药。二者比较,似乎后者更通情理。这样就清楚了,蒙汗药是古代江湖人用以暗中放在酒或食物中,用以迷晕对方的药,使对方在无能为力的状态下,达到放药人的目的。那么是什么药能有此功效?我们知道古今都有麻醉药用在医疗上,便于开刀动手术。而蒙汗药是偷偷摸摸不让人知道使用的。古人用的至今已失传,不易搞清,但是还是可以考证研究的。清代吴其濬著的《植物名实图考》云:"广西曼陀罗遍生原野,盗贼采干而末之,以置饮食,使之醉闷,则挈箧而趋。"从这描述看,古代的蒙汗药,极可能就是曼陀罗这种植物制成。至少也是蒙汗药成分之一。

蚂蚁与树木

  世界、自然界之大无奇不有,生物界尤其如此。在美洲的树木中有一种蚁栖树,树并不高大,叶子掌状裂,有点像我们习见的蓖麻的叶。此树奇在它的茎形态,细看茎上有节,节的地方有小孔,节处还有小丛生的毛状物。毛状物里面有小形圆球形的像昆虫产的卵一样的东西,白色。如果你伫立在前细心等待观察,有奇异现象出来了:许多蚂蚁从茎节处的孔里爬出来,沿着茎节上上下下行走,一会儿它们又进入孔里去了。这时你准能想到那茎里面是空的,就像竹子一样,这些蚂蚁还以那儿为家。

  如果碰上机会好,你会看到另一现象,有一种蚂蚁从地面爬到茎上来,你如有昆虫知识的话,细心瞧会发现这从地面上来的蚂蚁是另外的种,这些蚂蚁特凶,它们一上来就爬到叶子上去,经过一番撕咬,一片完好的叶子立刻碎尸万段,每只蚁衔了一块碎叶,浩浩荡荡排着队下到地面走了。原来这种蚁把叶咬碎带回去用以培养一种蚁菌,后者能产生小球状体供蚁用,当粮食储存,因此树受害很大,生长不好甚至死亡。可是

  这树也有"办法"对付,那就是前述的住在它身子里的那种蚁,是不咬它的叶子的,它们专为此树当保镖,那种啮叶蚁一来,它们就成群从洞孔中出来,与之"打仗",拼死拼活直至把那种啮叶蚁赶走为止。树就获得平安了。

  你可能要问,这种住在树身上的蚁吃什么东西呢?树的节处叶柄基部的丛毛中有小形蛋状颗粒,这种蚂蚁就吃它,把它搬到洞里去享用。而奇怪的是这种蛋状物是此树天然分泌成的,蚂蚁搬走之后,又能生出新的来,源源不断,因此这种蚂蚁也就长住久安了。这真是一个互相帮助的生物共生的典型例子。

  这种蚁栖树属于荨麻科,它那产生的小蛋形食物含蛋白质和脂肪,蚁极喜食。

汽水树

世界上的树木种类繁多,千姿百态,性格各异。有一种奇怪的树木,能为我们提供天然的汽水,你说奇怪不奇怪?

原来这种树含有丰富的树汁,特别是夏天,你只要用小刀在树皮上划出一个人字形的口子,一股清亮亮的树汁就会从口子里流出来,这时你用嘴巴凑上去一吸,那可凉快呢!那树汁又香又有甜味,就好像我们在夏天喝的汽水一样。有人认为它赛过汽水,因为这是天然的没有污染的"汽水"。有人收集这树汁拿去化验,发现树汁里有脂肪和糖。夏天如果你在山林里没带水或带的水喝光了时,就喝这树汁能解渴。

这种树木名叫白桦,属于桦木科桦木属。白桦是落叶乔木,树皮光洁白色,很漂亮。叶片是三角状卵形的。春天4~5月时发芽出叶开花,这时天气渐渐温暖起来,树的生命活力经过一冬又恢复了旺盛的生机,到6~7月达到高潮,树汁就多了。它的花是

单性花，雌雄花都各自组成像圆柱形下垂的花序，叫做柔荑花序。果实是小扁圆形的，周边有膜质的翅。这翅可以借风力帮助果实的散布。

你也许会要问，是谁知道这白桦有可以饮用的树汁的呢？原来白桦的老家在我国东北的大兴安岭森林里。它们是成大片生长的，最初知道这一奥秘的是当地的鄂伦春族人，鄂伦春人不仅知道白桦有好喝的树汁，还利用白桦轻巧的树皮制作桦皮船在小河上当交通工具，便于打猎。

我们从白桦的天然汽水树汁得到启发，能不能人工做出白桦汁的饮料以供应夏天城市居民的饮用呢？就像沙棘汁、芒果汁等饮料一样。

榴莲

南洋热带的印度尼西亚、马来西亚、新加坡及泰国产一种"榴莲"果。榴莲属木棉科,为树木结的果实。果大如椰子,最大的一个可达15公斤。外面有刺。初吃此果的人怕那不好闻的气味,但吃了后感到味道不错,而且日渐上瘾,竟然无钱卖衣也要吃。在新加坡、马来西亚有地方土语云:"榴莲出,沙龙脱"(沙龙为一种衣服名,脱,即是典卖了)。意思是榴莲上市,无钱买则变卖沙龙吃榴莲。又有云"榴莲红,衣箱空"其理同上。当年名人黄遵宪在新加坡时曾以诗赞榴莲:"绝好流连地,流连味细尝。……都缦都典尽,三日口尚香。"看样子,黄遵宪当年也迷恋于榴莲了。

榴莲不同品种味道大不相同。榴莲的果肉是粉红色的则又香又甜,并带点酒味。这种果果壳薄,果实大,一个的重量相当于果壳厚的2倍以上。如果果肉是黄色的话,吃时无酒味,而且还有点苦。内行人只看果皮就能判出果肉色。

为什么会叫"榴莲"呢?考证十分难,但根据各种书籍记载,都是一些传说,一种说法是"榴莲"二字就是"流

连"的意思。而"流连"来自"流连忘返"这句成语,据说郑和去南洋时,随身人员不少,这些人一到了异域,久之就思乡了,认为南洋虽好,总不如家乡好。郑和为此要想法安定人心,于是买了许多榴莲果让大家吃,没有料到大家吃了后个个高兴,而且越吃越想吃,渐渐地就就不思家乡了,而且大有流连忘返的意思。郑和高兴得不得了,便把这种果子叫做"留连",意思是吃了它就流连忘返,借以纪念此种果实,后来就转化为榴莲。此故事可不可靠,当然已无法核实了,但是南洋却有句俗话,就是吃不惯榴莲的人,在南洋是留不久的。这正是暗示,吃惯了榴莲就不走了。

榴莲果熟时,放到市面上卖却又有一股怪气味,有人认为像粪臭,有人说是有尿的气味。总之不大好闻,于是为此又有传说,说是郑和到南洋时,他拉大便的地方那里榴莲结的果有臭味,他拉尿的地方,榴莲有尿味。很显然,这是无稽之谈了。

榴莲果子里面有4~5室,每室有几个种子。果肉是可吃部分。花是两性的,有3~5个花瓣,雄蕊数目多,上部分为4~5束,每束分裂为许多细细的花丝。

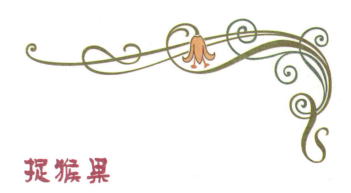

捉猴果

在南美洲有一种果树,叫做"捉猴果"。这种果实的果肉没法吃,而种子可吃,种子含脂肪多,又柔软,颇有乳脂的味道。

细看这果实质地形状十分有趣。果实有木质的果皮,扁圆形像个瓦罐。有趣的是果上部有个盖子,果熟时盖子会脱落下来,这时里面的种子自然会落地,果壳仍存留在树枝上。这种果大小不完全一致,大的一个直径可达20厘米,最大的达30厘米。奇怪的是树枝上结果实后,也许由于果实有重量,枝条悬垂到离地面不远处。据说猴子喜欢吃它的种子,往往知道掏开果盖,伸入爪子(相当于人手)进去抓种子,但抓了一把种子之后,爪子就出不来了,这时人赶快上去将猴子捉住,这跟本书曾讲过的印度人用南瓜捉猴子相似。真是异曲同工。

南美的当地人常利用捉猴果的空壳,装上一些糖块或食物,以引诱猴子来吃,从而抓住它们,有时还能抓到野狗。

但捉猴果只有南美洲才有。

无花果

无花果这名字字面上说是不开花而有果。无花果是一种小乔木,属桑科的榕属。为什么叫它无花果呢?因为人们的印象是只见树上有梨形的果子,却不见花。你在一年中不断注意它的成长,也只看见果实。但实际它是有花的,只不过我们一般人未注意,它的花又小又多,就生在那"梨形果"的内部。原来这看似果实的东西,却是一个花序,名叫隐头花序。

如果将隐头花序纵切开来看看,就会发现花序上端有一小狭道是通向里面的。里面内壁上生有无数小花,有时还发现有小花成熟后结的小果实,名叫瘦果。这是无花果的真正果实。而那个像梨形的大形"果实",通常也叫聚花果。是花序轴膨大肉质,将上面的小花包藏进去了后才形成这梨形的样子。成了"说是无花却有花"的有趣现象。

植物学家对无花果这种奇异的形态结构进行了研究,发现无花果这梨形的

"果实"有两种,一种里面专生有雌花,另一种里面有雄花和另一种不育的雌花,这种雌花的花柱很短,有子房却不结实,在它的出口处里面有无数雄花。有一种小蜂专门替无花果传粉。小蜂进入有雄花和不育雌花的隐头花序内时,将卵产在不育雌花里。待卵孵化出幼虫时,以雌花为食物,待幼虫变态出带翅的小蜂时,就从上边孔道出去,顺便将口部内雄花上的花粉粘带走了,当小蜂再去另一种隐头花序里面时,就把花粉擦在可育雌花的柱头上了。经过这异花传粉,雌花发育最后结出瘦果来,这种传粉真是隐藏式进行的,过去人们不知,以致误认为无花了。根据观察研究,无花果也可以不经过授粉而结实。

无花果原产地一般学者认为在中东地区,因当地人早以无花果当作食物,而且有古老的无花果树。相传圣经神话里的亚当和夏娃,用无花果的叶子遮盖裸身的重要部位,这虽为传说,带神话色彩,但足以说明人类早就知道无花果这种果树了。大约唐朝时,无花果传入我国。

今天无花果被人类利用得很好。它那肉质的花序轴(即果托)可吃。里面的小果实也可吃,新鲜果托含 9%~28% 的糖及含维生素 A、C、蛋白质等,可助消化。除鲜吃以外,还可做菜吃,跟肉一起炒,或以火腿,冬菇相配做汤吃。作干果、果酱、果酒也行。用其果干入药,有开胃、止泻功能、治咽喉痛。

有趣的是,在欧洲南部一些国家,至今仍有在新婚仪式上,用无花果投掷新郎、新娘头上的古老风俗。说明欧洲人与无花果的古老关系。

火把果

火把果是一种蔷薇科的小灌木。枝条上有硬刺，叶小，花白色，花瓣5个，雄蕊多数，极像珍珠梅。果实小圆球形略扁，熟时鲜红色。由于果实多，如堆红豆，极美丽，故近些年已引种作为盆景，供观赏。那聚在一起的红果犹如燃烧的火把，因此得名，又由于有硬棘，故又名火棘。它是野生的，在四川南部、北部、中部、东部一带尤多。其果可食用。当地老百姓叫它红籽树。相传三国时，诸葛亮南征时，一时无粮，曾动员军兵吃火把果，渡过了难关。于是人们又叫它"救军粮"。红军长征时也吃过这"救军粮"。

抗战时期，作家张恨水住在重庆乡下，他发现附近山上有火把果，从开花到结实，他观察了几个春秋，十分喜爱那艳红色的小果实。竟然连续3年收集这果实，预备胜利后回老家(安徽)去种植呢！

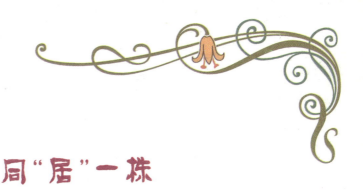

同"居"一株

　　这里说的是裸子植物中红豆杉科榧树属的榧树。它的果实(实际是种子,但外形像果实)成熟时呈核果状,外有肉质的假种皮包裹。

　　榧树的种子成熟十分有趣,当年长出的嫩种子,必须到第三年才能成熟,第二年树上又出了新的幼种子,这样,同株上已有2年生的种子同堂了。第三年又出了新的种子。而第一年的种子在这第三年要成熟了,却也不马上脱落,于是在同一株树上,同时见到有三个年头生出来的种子,只是大小不同而已。这现象人们称为"三年种子同居一株"或"三代同株"。在别的树上罕见。

　　榧树为常绿乔木。叶线形,2列,对生或近对生,背面有粉白色气孔线2条。球花单性异株。种子炒熟可食,有香气。浙江诸暨出产多。

141

龟背竹

现在各大植物温室中都能见到一种叫龟背竹的观叶植物,它的茎较粗,可以长得很高,是一种常绿藤本植物。你细看它的茎上有许多胡须状的气生根,原来它原生于美洲墨西哥的热带森林

中,常附生于高大的榕树上。喜欢温暖潮湿的环境,最怕强光照射和空气干燥,土壤也要肥沃的。在北方栽于温室要经常浇水喷水,冬天也要保持5℃以上的温度,否则就长不好。

龟背竹这名字取的够绝,原来它的叶子很大,呈宽广的卵形叶,羽状深裂,有趣的是它的叶脉间还有椭圆形的穿孔,人们就喜欢这种大形叶子极像乌龟壳的样子,使它成为室内赏叶植物中的"大哥"。

龟背竹长到一定时候也开花,你看到它开花时也会奇怪,生出一佛焰花序。花序除了佛焰苞以外,有一棒状的肉穗花序,淡黄色。果实则为浆果。

　　人们极欣赏龟背竹的奇形叶子,它的盆景如果不大,则放于客厅、卧室或书房,增加绿色情趣。如果是大株大盆景时,则放置于宾馆、饭店、酒楼的大厅内。也可放在室内花园有人工瀑布的地方或水池边,龟背竹以其大而碧绿奇形的叶子,显出又大方又有气派的风姿,特别吸引人。

　　很少有人注意到龟背竹还有另一用途,就是它的花序可以用来做菜食。而其果实成熟后可以吃,有甜味,有点像凤梨或香蕉的香味。但是要注意的是果实未成熟时不要吃,因为有较强的刺激性。

　　龟背竹属于天南星科的龟背竹属,又叫蓬莱蕉。同属有约 30 种,以龟背竹最为好看。应当注意的是你如果去花卉市场或公园看看,会发现一种盆景,那叶子也大,也有点像龟背竹,但细心观察会发现它的叶子有羽状深裂,没有孔洞,也无光泽,远不如龟背竹好看。这植物也是天南星科的,名字叫做麒麟叶。市场上有时把它充作龟背竹出售,购者应细心分辨。

枇杷

在北方很少见到枇杷,北京的夏季从南方运来一些枇杷出售,也是瞬间即无,因它不耐藏。北方气候冷,枇杷不能露天栽种是重要原因。但枇杷的名气却不因此而逊色。

枇杷原产我国,据说今天在四川泸定,湖北长阳和宜昌等地还能找到野生的枇杷林。枇杷人工栽培历史悠久。《西京杂记》(公元1世纪时)中有述:"初修上林苑,群臣远方各献芳果异树,有枇杷十株。"可知东汉(公元25~220年)以前,我国已有人栽枇杷。到了唐代,枇杷是宫廷珍贵的贡品。后来,枇杷传去日本,约在1784年又传去法国,1787年英国人从中国广东引去枇杷,种在伦敦皇家公园,美国的枇杷是1848年从日本输入的。如今世界各地大多有枇杷了。

我国枇杷以长江中下游之南各省和华南为多。其中又以杭州的塘

栖,吴县的东西洞庭山,安徽南部的歙县和福建莆田栽培最多最著名。至于品种更引人入胜。据说莆田有个品种果实特大,500克只有3个。大致都以核少核小,肉厚味甜为上品,从果肉色看,有红肉和白肉两大类。上述果子大的品种即为红肉者。白肉者果小,但也有皮薄、肉细的特点。如洞庭山的"白沙"即是。有"洞庭枇杷,白沙最佳"之说。其中又分东山的"照种"和西山的"青种"。

枇杷属蔷薇科枇杷属,此属有30种,但以枇杷这个种最有名。为乔木,单叶,革质,椭圆形。为什么叫"枇杷"?据北宋,寇宗奭撰的《本草衍义》(公元1116年)记述,是由于"其叶,形似琵琶,故名"。枇杷还有地方名叫"卢桔",今广东民间还如此叫法。这可能是枇杷熟时皮微黄而带点酸味有似桔之故。苏东坡有名诗句曰:"罗浮山下四时春,卢桔杨梅次第新。"这里的卢桔指的就是枇杷。

枇杷的果除生食外,还可造酒。它的叶厚,有皱,长达30厘米,宽达9厘米,下面有灰棕色绒毛叶可以入药,有利尿、清热、止渴及止咳的作用。

红豆

北国红豆是指一种杜鹃花科植物的果实而言,植物名越桔,又叫红豆或牙疙瘩。这是一种常绿灌木,地下茎长匍匐,地上茎仅高约10厘米。叶革质,椭圆形,长1~2厘米,宽8~10毫米,顶端微缺,基部楔形。花数朵组成总状花序,花两性,花小形,花冠钟状,白色或水红色。浆果圆球形,直径约7毫米,熟时鲜红色。此种果因鲜红美丽,小巧玲珑,人们把它比作南方的红豆。上述越橘的果可以生食,也可以造果酒。其味酸甜,据说酿酒时出酒率达90%。根据化学分析,新鲜果实中含糖约8.57%,另外还有类胡萝卜素、番茄红素、玉蜀黍黄素、胡萝卜素等许多成分。它的开花期在6~7月,果熟期在8月。

越桔分布于东北地区的吉林和黑龙江省。此外还有内蒙古东部和新疆。喜欢生在针叶林和针

阔叶混交林下,在高山苔原上也有。在长白山海拔 1000 米以上的林下多成群落,结果成熟时,绿叶丛中衬托出一点点鲜红色的果实,煞是好看。

南国红豆比北国红豆更有名。主要由于唐代诗人王维的《相思》诗云:"红豆生南国,春来发几枝,愿君多采撷,此物最相思。"此诗传诵至今,牵动了多少人尤其年轻人的心。因为豆粒小而鲜红美丽,似代表了一种赤诚的心。年轻人以红豆作为定情之物,或以红豆寄赠,代表思念的心情。甚至由此而引发出美丽的传说故事。传说古代一对年轻夫妻,丈夫被拉去边寨服役,妻子当了佣人。后来丈夫死了,妻子悲痛,思念丈夫而亡。后来在他们的坟上各长出一树,结出了美丽的红豆,于是人们认为这树的红色种子是夫妻二人的血泪染成的。就叫这树为红豆树,豆则叫红豆。当然这并不可信,但可以反映红豆之所以被人们作为爱情信物,是深入人心的。

红豆一般认为是豆科红豆属中红豆树的种子,这是一种落叶乔木。高可达 20~30 米,胸径可达 1 米。羽状复叶,小叶 5~9 个,长卵形或矩圆倒卵形,长达 12 厘米,宽达 5 厘米。圆锥花序顶生或腋生,花白色或淡红色,荚果木质,有种子 1~2 粒,红色有光亮,近圆形,长 1.3~2 毫米。此种分布广,在广东、广西、四川、陕西、湖北、江苏、浙江、安徽等省均有。有些是人工栽培的。今人考察发现尚存有古树。如安徽泾县茂林有 2 株红豆树,传说是乾隆皇帝御赐泾县茂林人吴芳培(为进士)的 2 粒红豆种子长成的树。如果可靠,则可想见当时红豆已入皇宫作为玩赏物了。此两株树今仅存 1 棵,极为珍贵,有 200 多岁了。此外,在江苏江阴、浙江龙泉也有 200 岁的红豆树。四川夹江县凤梧乡还有一片红豆树林,最老的传说植于明朝,已有 300 多岁了。广州黄埔波罗庙附近的浴日亭也有两株红豆树,年岁也达到 300 岁。当红豆落地时节(秋天)吸引不少游人

去拾红豆。十分有趣的是红豆树的木材极坚实,国内外闻名的浙江龙泉宝剑的剑柄和剑鞘,就是用红豆树的心材加工而成的。

应当注意的是红豆好看,但切勿入口,因为有毒,而且毒性大,含多种生物碱。

由于种子红色,小巧玲珑的红豆,引起人们对除了上述红豆树以外的其他植物有红豆者的猜想,如豆科中还有海红豆,此种属海红豆属,为小乔木,2片羽状复叶。总状花序,花小,白色或淡黄色,有香气。果长而弯曲,种子红色,有光泽,宽卵形。有毒,勿入口。此种分布局限于广东、广西、云南。另一种叫相思子,也属豆科,由于名叫相思子,许多人认为或许王维诗中的红豆即指此种的豆,但这是没法考证的,因为它是一种缠绕小藤本、枝细弱,羽状复叶,小叶16~30个。总状花序,花小,花冠淡紫色。种子椭圆形,种子上部约2/3的面积为红色,下部1/3面积为黑色,似不如全红色的红豆美,而且分布局限于广东、广西、云南和台湾。

还要注意的是通常还有一种叫红豆或红小豆、赤豆的,与上述红豆风马牛不相及。后者虽也是豆科植物,但为一年生直立草本。羽状3小叶,花黄色,荚果圆柱形,种子6~10粒,矩圆形,赤红色,人工栽培,种子供食用,北京的红豆粥或豆沙包的馅即用之,为著名食品。

果实、种子散布

有花植物开花结果为自然的现象,结果在正常情况下必有成熟的种子。有的种类以果实形态散布各处,有的则是果实开裂后散出种子,都是把果实或种子散到离母株远些的地方,以繁衍子孙后代,如果植物没有繁殖,久之便会灭绝。植物求得正当的繁殖是保持种群的自然规律。

在各种植物散布果实或种子的现象中,趣事很多。有的植物靠动物或人来传布果实,如菊科植物中的鬼针草,它的果实成熟后,上部有2根芒刺,刺还有倒钩,这些植物又多生在路边或荒地,当动物走过时,果

实靠芒刺钩在皮毛上带走到别处,人如果不小心碰上了时,则钩在裤腿上,人必然要将其弄下来随便扔掉,这正好为之做了散布工作。有些野生的植物,能结出美味的小果实,动物吃了后,其里面的核消化不了就从大便排出,仍能发芽长出新植物来。

靠风力传布果实或种子的更多,例如蒲公英的果实成熟后,果上端有一针芒状的喙,喙上端有一丛白色毛,喙下部连着一个果实。风一吹时,那白毛四散张开,宛如一降落伞到处飞,到一定地方降落下来而定居新地。有些植物的种子周边有翅,如桦树的小果实就是,那膜质翅也是借风力助果实传布的。有的果实开裂后,种子上有许多细柔的毛,如杨和棉的细小种子就是。

靠水传布果实的也有,如生在水边的莎草科的某些种类,它的果实外包一个苞片,里面有空气,可以浮在水面漂走。最有名的例子是椰子的果实,光滑的外皮内,有一较厚层的由棕色纤维组成的厚层,里面多空气,因此椰子的果虽大如小孩头,仍能漂在海水上,随波逐流,一旦靠了新陆地,就可以发芽长出新株。

有一种海椰子的果实随海水漂到各地,令人们奇怪的是,它跟椰子果不同,可又未见到它的母株,便怀疑是从海底浮上来的。后来才发现只有印度洋上的塞舌耳群岛中才有海椰子这种特殊种类,它的果实也是靠海流漂走传布的。

非洲的稀树草原地带,有一种植物叫恶魔角,它的果实上有两个长而弯曲的钩,像铁做的一样坚实,它能钩住狮子的脚,当狮子去咬它时,扎入口腔再也出不来,能置狮子于死地,这也是一种传布方法,极为特殊。

植物能怀胎下崽吗

一般植物除了营养繁殖不靠开花结果的办法外，开花结果也是繁殖办法。种子成熟后经过休眠期后发芽长出新个体。但也有奇怪的种类，它们的后代直接从母株上生下来，就好像大树生下小树，如动物的胎生一样，十分有趣。

红树类的植物就有这功能。你只要到深圳海边去看看，定能见到此现象。在海水能到达的岸边，水面上冒出一丛丛树木的上部，那直接从母株上生下来的。你细心瞧瞧这种树木的枝叶还比较密，树枝上垂挂出一条条好像木棒棒样的东西，每条有一尺长。也有短些的。那木棒样的东西到一定的时候会落下来插在浅海水下的污泥中，这实际就是母株下小株崽的现象，人称之为胎生树。原来母株的果实成熟时，并不马上掉下来，而在母株上就发芽了。长出一株小株样子，尚未出叶，待掉下后，可以生根出叶，掉时直插污泥中，十分稳当。

为什么会

有胎生的现象？这可能由于此种植物生在海边，经常受海浪浸没有关。如果掉下种子固定不了，则难于成活，待长成棒状物插入泥中就能扎根稳妥了。植物的适应环境本领实在奇妙。这种植物名叫秋茄树，属于红树科，为小乔木，叶对生，叶片革质，矩圆形或椭圆形，长 5~12 厘米，叶脉不明显，花白色，花瓣 5~6 片，早落。果狭卵状圆锤形，长约 2 厘米，种子 1 个。在离母树前发芽，胚轴延长成棒状。广东、福建、台湾的海边均生长。

其实植物的这种胎生现象，不只红树科才有。禾本科植物中的胎生早熟禾也是。在母株上的果实(为颖果)，就可发芽长出幼小植物来。幼小植物落地能成活。

在蓼科植物中，有一种珠芽蓼，生于高山草地或林下。在母株的花序上常有一些小珠芽，大小如小米粒，它可以发芽出幼叶，俨如"小崽子"。落地后长成成年植株。不过珠芽蓼这珠芽不是果实，而是一种营养繁殖器官，但这现象也像母株生小株一样有趣。

植物改变性别

在动物中能自己改变性别的例子并非个别。据说母鸡就有变成公鸡而不下蛋，而且能如公鸡一样叫的例子。在植物中改变性别的例子却是极其罕见的。只在天南星科天南星属中有的种类有此现象。天南星是一种多年生植物，地下有块茎，一生出一叶，出一花序，花序是单性异株的。它的一生中可以改变性别多次，即从雄性变为雌性，过些时期又能逆转，由雌性变为雄性。所谓雄性花即是花里只有雄蕊，没有雌蕊。雌性花则只有雌蕊没有雄蕊。

你也许要问，为什么这种天南星要改变性别呢？科学家们对此做了细致调查研究，得出一个比较客观的看法，天南星在结实的那年，果实饱满，它一生靠一柄叶子制造的养料几乎全用在结实了。元气消耗太大。到下一年几乎直不起"腰"来了，养分不足，再要像上年那样开雌花结实就无能为力了。于是就只出雄花不出雌花了,出雄花时,养分要得少,植株也矮小得多。当度过了这一年难关后,养分又聚集足够了,到再下一年它又可开雌花结实了。这是植物适应营养不足时的"措施",免致母株遭灭顶之灾。我们知道在棕榈科植物中,有一种花序特大型的种类,大约60年才开一次花,就是说它在这60年中积足了养分就为隆重开这次花,开花时,花序长宽都达到10米以上,好不壮观!花则是多得无数。结实不少,可是开了花后,全株就死亡了。与上述的天南星相比,又是另一特殊例子。

有趣的是上述的天南星在气候条件不好时,如遇有一年大旱少雨等不利于生活的环境时,它就只开雄花,节省营养,植株也尽量小一些。但当环境条件好时,风调雨顺时,它就开雌花,又要大量繁衍子孙了。

老树干上也能开花结实

通常植物开花结实多是在新出的枝条上，或者隔年枝条上的芽发出花来。但是也有的树木却在老树干上(主干上)开花结实,著名的是可可树,这是产于南美洲的一种树。它的果实全在主干上。另外,在广东、海南热带,还有一种树叫木菠萝又叫菠萝蜜的,它的硕大的果实也长在树干上,甚至可以在近地面部分挂果。

还有一种我们习见的花木，名叫紫荆的,它的花也开在老的枝干上,这是一种灌木,枝条上上下下都开花。

为什么花开在老树干上?许多植物学家对此研究过,像可可树、菠萝蜜都是热带树木,对热带森林作过仔细调查研究后,发现老树干上开花(茎花)的现象还有不少,涉及许多不同植物。对此的解释是热带雨林中树木高大,树冠稠密,确有不少树木的花开在树冠上层,但有些树木却不行,森林浓密,开花后不利于昆虫传粉,但如果在茎干上开花,则位于树冠下方,比较空旷,昆虫飞行便利。也许这就是一种适应。利于昆虫传粉的适应。这个问题是值得深入研究探讨的。

没有不落叶的树木

这话乍看起来似乎无理,因为我们不是常知树木有落叶树与常绿树之分么?

实际情况是,所谓落叶树指的温带的树木,温带树木叶,又特指阔叶树,"秋风扫落叶","梧桐叶落秋已深"……描写了秋天树木落叶的情况。秋天落叶反映是树木适应环境变化的结果,因为秋天温带地区雨水少了,土壤里含水也少了,气温降低了,树木的根系吸收作用弱了。秋高气爽说明空气干燥多了。植物吸收水分大大减少,而如果叶子仍照样蒸腾水分,那必然是入不敷出。对树木生存发展不利。加上秋天叶子水分少了也衰老了,便产生落叶现象,正是顺应"潮流"的结果,所以你到北方去看看,秋冬之际,阔叶树的叶子几乎掉光了。

那么热带地方呢?热带的旱季空气也干燥,那正是春天,因此热带阔叶树春天要掉一部分叶子,以适应水分供不应求的现象。其道理与温带秋天落叶类似。

那么针叶树如松、柏类呢?乍看松、柏为常绿的,可实际松、柏的叶并非"长生不老"、不落。不信你去松林走走,林下枯的松针一层,那就是落叶,柏树底下落下的枯叶也有的是。证明它们也落叶,只是它们的叶子寿命长于一年以上,年年长出新叶,老叶脱去一部分,树木枝上总有绿叶存在,给我们一种错觉,好像它们的叶子永不脱落,四季常青一样。在气候反常干旱的年头,针叶树掉的叶子也会多一些,只是它们的抗旱本领比阔叶树要强些而已。

茅膏菜

茅膏菜科植物都是食虫植物。有 4 属 100 多种,其中茅膏菜属多达 100 种以上。但多布于世界的热带高温带,我国只有 6 种左右。茅膏菜食虫十分有趣。它们的叶片有的种为长条形,有的种是匙形的如锦地罗。不论什么叶形,叶片都有许多腺毛,叶片中央还有能产生酶可消化昆虫体的腺体。当昆虫(例如苍蝇)飞到叶片上被腺毛粘住(腺毛经触动可以自动弯过来包住昆虫,昆虫就飞不动,被消化掉,茅膏菜从此获得额外营养,它自己也能独立生活,食虫不过是加餐而已。

植物学家为了探讨茅膏菜的感应性能,做了有趣的试验。当人工把一只死苍蝇放在茅膏菜如锦地罗叶片上时,它几乎没有什么反应,证明茅膏菜叶片对死物体没有化学性质的敏感。当人们用细线吊一小点石头块,轻轻放到茅膏菜叶片上而又不停地提拉石块让之活动时,茅膏菜叶片上的腺毛有反应,有些毛弯过来,但随后不久又不

动了。当真正有一只活苍蝇落入叶片正在挣扎时,茅膏菜上腺毛大为活跃,纷纷包围过来直至吃完虫为止。同样两种振动一个为人为石块一个是真正的活苍蝇为什么前者反应虽有而不大呢?经过分析认为,这是茅膏菜叶片最初以为虫子来了,后来"发现"不对,于是就不再活动了。为什么会发现不对的?可能它经过长期食虫的经验,"知道"昆虫振动的规律和频率。人工吊动小石块终究与活昆虫的挣扎振动不一样,茅膏菜能识别出来,这不能不令人惊叹!

  锦地罗这种茅膏菜产于我国云南南部、广东、广西、福建和台湾。另外,在亚洲其他地区、非洲和大洋洲的热带也有广泛分布。

跳舞草

植物界中有的种类能运动,例如含羞草为跳舞草(又名舞草)也能运动。此草高约1米,叶为具3小叶的复叶,3小叶中顶生小叶大,长圆形,侧生2小叶很小,狭长圆形。中间的大叶进行摇摆运

动,两侧的小叶则经常做回转式运动,大致1~3分钟内可以回转一周。

跳舞草的叶为什么会运动的?由于植物内部生理活动引起的。生理活动使叶柄基部的两半的组织发生不均衡的周而复始的变化所致。跳舞草叶片回转运动与温度和湿度有关系。当气温在2℃时,约85~90秒钟回转一次,在-5℃时,则不做回转运动。在白天时做回转运动,到了晚上就不运动了。这些现象倒是值得进一步研究的。

植物防"身"术

植物与动物一样,在遇到敌人危害时,有防卫措施,只是植物不如动物那么明显。

植物保卫自己的方法最多的手段是身上长刺。像酸枣最突出不过了。它的托叶变态成刺,人看见酸枣果熟了都不轻易去摘。至于仙人掌、仙人球之类,更是满身刺,使人无法靠近,动物也怕。有一种冬青树,叶子又厚又硬,叶边有大而硬尖的刺。连鸟都不敢在上面做巢或停留,因又名"鸟不宿"。植物长刺的部位有多种,如枝条上长刺多,玫瑰最著名。它的花是不容易被摘走的。洋槐的托叶变态为刺。小檗整个叶变态成刺。仙人球的刺至少一部分也是叶"变态"来的。

  皂荚的刺多在树干及大枝上，刺极硬，且有分枝。这是枝条"变态"的刺。鼠李的刺也是枝条"变态"的，这类刺不易弄下来。

  有一种茶藨子的刺长在果实表面，果实本可以吃的，有了刺就保护了果不被动物随便啃吃。

  有的植物枝上、叶上长出毒毛毒刺，但这刺不太硬，只是刺是空的，里面有毒液，刺破皮肤就发痛发痒，人畜都不敢近之，如蝎子草和荨麻，人一旦触及其刺，刺尖破皮时刺头注入汁液，使皮肤红肿发痛难忍，从而避开它。

  有的植物如石竹科的瞿麦，常常可见在其茎的中上部有黏液，人采时粘手。实际这是一种保卫措施，当昆虫向上爬时，遇上黏液就走不动了，茎上的花朵便免遭啃食。

  植物也会进行化学防卫，常常是含有有毒乳汁。如见血封喉的乳汁有剧毒；芥子和甘蓝等植物，能合成芥子油糖苷，此物对细菌、真菌、昆虫及大动物都有害。

  植物还有一种巧妙法子避敌，就是把自己伪装起来，躲过敌人的眼目。这方面最好的例子是非洲干旱地带的圆石草，它属于番杏科，全植物就像一颗圆滑的小石头，人称之为石头花，动物以为是石头而不理睬，实际它是由两瓣合成，中央有一小缝，每到花期，缝中开出一朵艳丽的花来，这才知是植物。那肥厚肉质部分实际是两片肉质叶组成。叶中贮存大量水分，是抗旱的特征。

独株植物

从来的植物繁殖都是靠种子发芽长成新株的。也有的植物除了种子繁殖以外,用根茎或鳞茎也能繁殖。更有的种类用一个枝条扦插就可成活长成植株,这叫做营养繁殖。

也许是受营养繁殖的启发,早在1902年时,德国植物学家哈贝尔兰德就预言,高等植物体的一个离体的细胞能长成一个完整的植株。这一预言对当时的科学界无疑是一个震动,但许多人仍抱怀疑态度。

50多年后的1958年,美国科学家斯图华居然从一株野生胡萝卜的根上分离出一单个细胞,把这细胞经过培养还真培育出一株胡萝卜植株来,并且开了花,结了果,完全印证了哈贝尔兰德的预言,使科学家满怀信心地在这个研究领域继续前进,以求更多的收获。

1964年,有人用曼陀罗花的花粉培育成了一株幼苗,这由花粉长成的植株又再一次开了人们的眼界。由花粉育出的幼苗经过一段培养后,

根系比较发达,就可以移栽到土壤中去。

用花粉培养出植株,实际是通过雄性的孤雄生殖来形成单倍体植株。遗传育种学家特别看中这点,因为用单倍体植株培育新品种时,可以很快得到纯系的植株,它们自交产生的后代不会产生性状分离现象,利于作遗传上的分析研究。单倍体育种可以缩短育种的年限,因为杂交育种法培育一新品种要6年以上,而花粉单倍体育种法两年就成。而且简化好多工序,节约人力、物力、财力。我国目前已在几十种植物中培育出了花粉单倍体植株,而且其中有些种如小麦、玉米、小黑麦、油菜、茄子、杨树和橡胶树等的单倍体植株,还是我国首先培养出来的。

研究工作还在前进,现在已经能够把两个不同品种的细胞的细胞壁去掉,将二者的原生质体混合一起,再放在特别配制的培养基上培养,让其产生新细胞壁,成为一个细胞,再培养出一新植株,这植株就是一个杂交后的"杂种"了。这种办法已经用烟草为材料取得了成功。为使用细胞杂交育种开了先河。

所谓"组织培养",指的是一小块植物的个体组织(根、茎、叶、种子的一小部分均可),用这小组织经过培养基的培养后,可以长出一株完整的植物来。这种工作,在快速繁殖果木、花卉以及农作物上都取得了很大成就。与单细胞的培养是一个道理。

为什么单个细胞(包括单粒花粉)能够培养出整个植株来呢?现在科学家的看法是植物的体细胞中,每一个细胞都包含有它的整个植株的遗传信息。只要培养的条件适宜。这些遗传信息几乎都能表现出来。因此能长成完整的植株。

目前为止还只是在一部分植物中,通过实验证明了上述情况,随着时间的推移,实验更加广泛,将会揭示出更多的奥秘。

人工种子

野生或栽培的植物,大都是通过种子发芽再长成新植株的。但是到今天,植物科学已经能做到人工造种子了。你说奇怪不奇怪?原来早在1978年,美国植物学家就想到把用试管培养出来的芽或胚状体包上胶囊后,能保持种子的机能以代替自然的种子。这芽或胚状体是先用组织培养法培养出来的,例如从一粒花粉可以培养成多细胞的花粉球(一个细胞团)这种花粉球进一步分化发展可形成胚状体。上述设想经过实际试验取得满意成果,有许多国家参与了这种研究,并制成了甜菜、胡萝卜等的人工种子。

人工种子比自然种子有许多优良特点,因为人工种子用的胚状体也是人工培养出来的,加快了繁殖速度。另外胚状体或体细胞胚或芽(后者用植物一个体细胞就能培养出来)可以固定杂种优势,使杂交的第一代植物优势可以延续多代使用,使具有优良性状的株系可以快速形成无性繁殖系,容易推广利用,大大缩短了传统的育种的时间。这就使一些需要无性繁殖才能确保优良品性的植物,用人工种子方法繁殖更为合适。

我国在人工种子研究方面已进行了多年实验,并已取得成果,如胡萝卜、芹菜、黄连、番木瓜等多达10多种植物已制成了人工种子。且在胡萝卜等种类中实践证明播种后能长成植株开花结果。可以预见人工种子有广阔的发展前途,当然也还存在一些问题要解决,但可以推测人工种子用于生产的日子不久就会到来。

植物"化学武器"

植物利用它们自己特有的分泌物质作为"化学武器"来对付昆虫和其他动物，取得生存的权利，使自己立于不败之地。这是植物对动物实行的"化学战"。

在丰富多彩的植物世界内部，有些植物也常常利用特有的"化学武器"来对付自己的"邻居"，这就是发生在植物之间无声的"化学战"。

苦苣菜就是欺弱称霸的典型。它是一种杂草，可是你千万别小看它，它竟敢欺侮比它高大的玉米和高粱。在玉米或高粱地里，如果苦苣菜成群，它们就会称王称霸，并将玉米或高粱置于死地。苦苣菜使用的法宝就是它们根部分泌的一种毒素，这种毒素能抑制和杀死它周围的作物。

在葡萄园的周围，如果种上小叶榆，葡萄就会遭殃。小叶榆不容葡萄与它共存，它的分泌物对于葡萄是一种严重的威胁，因此，葡萄的枝条总是躲得远远的，背向榆树而长。如果榆树离葡萄太近，那么，榆树分泌物的杀伤力就更大，葡萄的叶子就会干凋枯萎，果实也结得稀稀落落。如果葡萄园周围是榆树林带，距离榆树林带数米处的葡萄几乎全被它们致死。

在果园里，核桃树对苹果树总是不宣而战，它的叶子分泌的"核桃醌"偷偷地随雨水流进土壤，这种化学物质对苹果树的根起破坏作用，引起细胞质壁分离，因此，苹果树的根就难以成活。此外，苹果树还常常

受到树荫下生长的苜蓿或燕麦的"袭击",使苹果树的生长受到抑制。

那小小的紫云英,也常常依仗自己叶子上丰富的硒去杀伤周围的植物。下雨天气是它杀伤其他植物的有利天时,硒被雨冲刷、溶解,流入土中,毒死与它共同生长的植物,成为小小的一霸。

生长在美国加利福尼亚州南部里的野生灌木鼠尾草,称霸得更凶,它的叶子能放出大量的挥发性化学物质,主要是桉树脑和樟脑。这些物质能透过角质层,进入植物的种子和幼苗,对周围一年生植物的发芽、生长产生毒害。鼠尾草的这种"化学武器"十分厉害,在每棵鼠尾草周围1~2米之内,竟寸草不长。

在植物界也有双方鏖战,两败俱伤的情况,例如菜园里的甘蓝和芹菜就是一对"冤家",它们的根部都能分泌化学物质,作为杀伤对方的"化学武器",两者碰在一起,谁也不示弱,谁都想把对方制服,结果鏖战一场,弄得两败俱伤,双双枯萎。

水仙花和铃兰花都是人们喜爱的花卉,如果把它们放在一起,双方也有一场激战。双方散发的香味都是制服对方的"武器",一场激战之后,结果双双夭折。

从上面所举的事例可以看出,植物之间的"化学战"使用的都是"化学武器",而这些"化学武器"都是它们各自特有的化学分泌物质。近年来,各国对植物化学分泌物质的研究都很重视,现已形成了一门崭新的科学——化学生物群落学。植物的分泌对于它们的生活有着极其重要的意义,研究植物的分泌,可以为作物的间作、套种、混作,为合理地选配造林树种以及合理地布置果园提供可靠的科学依据。

在农业生产上,人们常利用植物特有的"化学武器"来防治病虫害和消灭田间的杂草,这对农业增产、减少使用农药、避免环境污染有着重要的意义。

例如，菜蝴蝶害怕番茄或莴苣的气味，只要把番茄或莴苣跟甘蓝种在一起，就可以使菜粉蝶不敢靠近，从而使甘蓝免受菜粉蝶的侵害。在大豆地里种上一些蓖麻，蓖麻的气味会使危害大豆的金龟退避三舍。大白菜根易得根腐病，而韭菜能允当大白菜的"保健大夫"，为大白菜治病。大蒜分泌的大蒜素，也有很强的杀菌作用，它也是大白菜的"保健大夫"。大蒜还能抑制马铃薯疫病的蔓延。南方的油茶是一种油料树，它经常得烟煤病，原来山苍子的叶子和果实能散发芳香油，芳香油中的柠檬醛有杀死烟煤病菌的能力。所以，山苍子也是专门为油茶治病驱魔的大夫，洋葱跟胡萝卜间作，可以互相驱逐对方的害虫。

有些植物根部的分泌物，常常是消灭田间杂草的有力"武器"。例如，小麦可以强烈地抑制田堇菜的生长，燕麦对狗尾草也有抑制作用，而大麻对许多杂草都有抑制作用。

植物杀手

热带森林特别是从未开发过的原始森林，是许多凶猛的野兽经常出没的地方。那层层叠叠、纵横交错、种类繁多的植物，有参天的高大乔木，也有比较矮小的灌木，还有下层的草本植物。在这些植物中，有的依附其他植物而生长，有的死死缠住高大的树木，专横跋扈，置高大树木于死地。这种专门欺负、毁坏参天大树的植物，被称为绞杀植物或毁坏植物。

在我国西南边陲的西双版纳密林中，经常可以看到绞杀植物毁坏参天大树的惨景。别看那参天大树气势雄伟，一旦被绞杀植物寄生、缠住，就像得了不治之症一样，最终都逃脱不了死亡的命运。

参天大树是怎样染上这种寄生"病"的呢？俗话说，"病从口入"。可是大树没有长口，寄生"病"又从何而入呢？原来这个"口"不在大树身上，而是森林中飞鸟的口。例如，当榕树的果实成熟的时候，林子里的飞鸟相互争啄，但是，果实里的种子只是在鸟儿们的肠胃里旅行了一圈，并没有被消化掉。当鸟儿们在树林里休息、嬉戏的时候，未曾消化的种子就随着鸟粪撒落在树干或树枝上。这些种子有着高超的本领，不用入土就可萌芽、长根。它们长出的根很特殊，能悬挂在空中，被称为气生根。这些气生根有的顺着大树(寄主)"爬行"，有的悬挂半空，慢慢垂入地面，扎入土中。入土的气生根便从土壤中吸取养料和水分，营养小苗。随着小榕树的长大，气生根越来越多，越长越粗，纵横交错，结成网状，将寄主的树干、树枝团团包围起来,而且紧紧地箍住大树的树干。于是,一场你死我活的"争夺战"开始,参天大树粘上绞杀植物之后,总想挣断绞杀植物的"紧箍网",但已无济于事。绞杀植物很是厉害,施展了唐僧的"紧箍咒",网眼状的根越长越粗,死死勒住寄主的树干不放,把大树勒得"喘"不过气来。不但如此,它们还依靠扎入土中的气生根和附生根,拼命地夺走寄主的养料和水分。它们繁茂的枝叶窜过寄主的树冠,与寄主争夺阳光。参天大树一旦得上这种寄生"病",就甭想有生的希望了。这场树间的斗争日复一日、年复一年地进行下去,结果是大树被弄得筋疲力尽,逐渐衰退,而绞杀植物却根深叶茂,欣欣向荣。鏖战结束,大树被绞杀,根子烂掉,成了绞杀植物的养料。参天大树的根子一烂,树身经不住风吹雨淋,慢慢腐朽、剥落、消失。而那被绞杀植物则留在原地,像个空筒。此时的绞杀植物简直成了不可一世的胜利者,它们的网状根便互相愈合。于是,在原来参天大树的地方,代之而起的是独立生长的绞杀植物。这场你死我活的争夺战可以经历十多年,甚至几十年。

绞杀植物不但是西双版纳热带雨林中的特殊景色,而且是非洲、印度和马来西亚雨林中的常见植物。绞杀植物以桑科的榕属植物为最多。在热带雨林中,死于绞杀植物的乔木很多,例如菩提树、红椿、白椿、龙脑香、天料木和团花树等。

燕麦

燕麦竟然也有"眼睛"?燕麦的"眼睛"其实是构成燕麦植株的细胞上的光感受器。依靠自己的"眼睛",燕麦不仅能"看见"光,而且还能感受到光的波长、光照的强度和时间。不仅燕麦有"眼睛",所有的植物都有"眼睛"。正因为如此,植物才能适时控制开花,变换叶子和根的生长方向。

20世纪初,欧洲的植物学家忽略了植物"眼睛"的作用,结果吃了大亏。起先,他们千方百计培育只长叶子不开花的烟草,以提高烟叶产量。但不开花就得不到好的烟草种子,人们只能在冬天到来之前把烟草搬入温室,让烟草在温室里开花结籽。烟草为什么只在温室开花?多次的实验证明,是光照的长短影响了烟草的开花。

50年代,我国东北的试验田曾试种过来自南方的水稻良种,它们长得像牧草那样茂盛,可就是不抽穗扬花,最后弄得颗粒无收。而东北的水稻良种引种到南方,往往连种子都

捞不回来；这些都是忽略了植物"眼睛"的缘故。

近年来，植物学家加紧了对植物"眼睛"的研究，从而发现全世界的植物可分为白天光照需超过12小时和少于12小时的长日照植物、短日照植物以及对光照并无苛求的中性植物。科学家还发现植物"眼睛"比较喜欢天然阳光，而且各类植物偏好不同的光，譬如，清晨浅红色的阳光能使生菜籽发芽，黄昏时暗红的阳光则使发芽停顿。

经过不懈的努力，最近人们终于从植物细胞内提取出含量甚少(30万棵燕麦苗中只含几克)的感光视觉色素，它是一种带染色体的蛋白质，它就是植物的"眼睛"。

染色体使蛋白质呈现蓝光，因而使"眼睛"具有吸收光的能力，对不同波长的光作出化学反应。如藻类能对红光、橙光、黄光和绿光都产生反应。清晨当太阳升起时，"眼睛"看到了浅纤光就显得异常活泼，黄昏时分天边出现暗红色，视觉色素变得迟钝，植物就闭上了"眼睛"。

进一步研究还发现，因为有了"眼睛"，植物的全身才有灵敏的感觉系统，对光产生各种反应：有一种藻类用"眼睛"根据光照的强弱和角度，在水中游动，甚至可以旋转90°。一些蓝藻为了寻找适宜的光照，还能在水中漫游，邻近的植株遮住了光线，"眼睛"就"命令"植物尽快生长，超过障碍，以求得到充足的阳光。

人们利用细胞生物学的最新成果找到了植物的"眼睛"，但对它的了解尚且粗浅，要彻底揭开这个秘密，还得依靠科学家们的不懈努力。

风流草

提起跳舞草,人们一定觉得很奇怪,人会跳舞,动物会跳舞,难道植物也会跳舞吗?会的。

在我国南方,有一种草叫长叶舞草,是多年生草本植物,

属豆科,有1尺多高,在奇数的复叶上有3枚叶片,前面的一张大,后面的两张小,这种植物对阳光特别敏感,当受到阳光照射时,后面的两枚叶片就会马上像羽毛似的飘荡起来。在强烈的阳光下尤其明显,大约30秒钟就要重复一次。因此,人们把这种草又叫"风流草"和"鸡毛草"。

长叶舞草还有一位"姐妹",叫圆叶舞草,它的舞姿更加敏捷动人,这种草分布在印度、东南亚和我国南方山区的坡地上。

除跳舞草之外,还有会跳舞的树,在西双版纳的原始森林里,有一种小树,能随着音乐节奏摇曳摆动,翩翩起舞。当有优美动听的乐曲传来时,小树的舞蹈动作就婀娜多姿;当音乐强烈嘈杂时,小树就停止了

跳舞。更有趣的是,当人们在小树旁轻轻交谈时,它也会舞动,如果大声吵闹,它就不动。

这种草跳舞的奥秘是什么?这一直是植物学家探讨的问题。对这种现象,科学家们有各种不同的解释。有人认为这是由于植物体内生长素的转移,从而引起植物细胞的生长速度的变化造成的。也有人认为是由于植物体内微弱的生物电流的强度与方向变化引起的。这都是从植物内部找原因,也有人从外部找原因。有人认为,因为这种草生长在热带,怕自己体内的水分蒸发掉,所以当它受到阳光照射时,两枚叶片就会不停地舞动起来,极力躲避酷热的阳光,以便继续生存下去,这是它们为了适应环境,谋求生存而锻炼出来的一种特殊本领。也有人认为这是它们自卫的一种方式,是阻止一些愚笨的动物和昆虫的接近。

关于这种草跳舞的真正原因是什么,至今还没有一致意见。

含羞草

人们常说小姑娘最爱害羞,可是你听说过有害羞的植物吗?

公园里有一种观赏植物,特别害怕有人碰它的身子,谁要是轻轻碰一下它的叶子,它就把叶子合拢,甚至连叶柄都耷拉下来,宛如一个害羞的少女,含情脉脉,低头不语。因此,人们特别喜欢它,爱逗它,给它起名含羞草。

含羞草是一种豆科植物,茎秆纤细,上面长满了细毛。茎上生有羽毛状的复叶,每张复叶由 4 片叶子组成,呈掌状排列,每片叶子又由 7~24 对小叶组成。含羞草的高度,盆栽的一般只有 30 厘米左右,地栽的可长到 1 米左右。有的直立,也有蔓生的。秋天一到,开出一朵朵淡红色的小花,很像一个个小红绒球。

含羞草怕羞这是怎么回事呢?在含羞草的小叶和复叶叶柄的基部都有一个鼓起的东西,叫做叶枕,叶枕对刺激的反应最为敏感。叶枕中心有一个大的维管囊,其周围充满了薄壁组织,细胞间隙较大。平时,叶枕细胞内含有较多的水分,细胞总是鼓鼓的,细胞的压力比较大,所以,叶子平分展,当你轻轻碰到它的小叶时,这个刺激立刻传导到小叶柄的基部,于是这个叶枕的上半部薄壁组织里的细胞液便排到细胞间隙中,此时叶柄上半部细胞的膨压降低,而下半部薄壁细胞仍保持原来的膨压,小叶片就向上合拢。如果小叶受到的刺激较强,或受到多次重复的刺激,这种刺激可以很快地依次传递到邻近的小叶,甚至传到整片复叶的

小叶和复叶的叶柄基部。这时,复叶的叶柄基部叶枕下半部的细胞膨压降低,而上半部的细胞仍还是鼓鼓的,因此,整张叶子就低下了脑袋,而且4片叶子上的所有小叶都成对地合拢起来。

根据科学家的研究,含羞草的叶子接受刺激以后会发生兴奋,"信息"在体内的传导还挺快,能以每秒15毫米的速度向前传递。当然它比起人的神经传导速度(每秒10万毫米)来要慢得多了,但在植物界中这种传递信息的速度还是相当惊人的。根据试验发现,如果中途有一部分被麻醉剂麻醉后,"信息"的传递就会在那里被中断。

植物生理学家娄成后教授对刺激的传导做过深入的研究,他发现丝瓜、黄瓜的主茎被刺激以后,体内也可以产生很强的兴奋,"信息"传递的范围很大。现已初步证明,这种"信息"是通过维管束系统来传递的。植物体内的维管束系统跟动物体内的神经系统在传递信息方面,可能起着相同的作用。但是,植物所产生的运动反应机理,跟动物组织完全不同。有人认为,它属于一种液体性的传导机制,很可能是由某些物质在受到刺激时,释放到植物体内所特有的螺纹导管的水流中去,引起渗透压的改变,从而导致相应的叶片出现运动反应。

如果停止对含羞草的刺激,过了一段时间以后,原来疲软的叶枕细胞中又充满了细胞液,细胞的压力又恢复正常,于是,小叶又重新张开了,叶柄也挺了起来,一切恢复到原来的状态。恢复的时间一般为5~10分钟。但是,如果我们连续逗它,接连不断地刺激它的叶子,它就产生"厌烦"之感,不再发生任何反应。这是因为连续的刺激使得叶子细胞内的细胞液流失了,不能及时得到补充的缘故。所以,它必须经过一定时间的"休息"以后才能再次接受刺激,发生反应。

人们从实践中发现,含羞草的叶子不光是用手碰它会发生运动,假如用火柴的火焰去熏它的叶子,或者用烟卷的烟雾去喷它的叶子,甚至

用酸类或冷水刺激它的叶子,也会发生同样的运动。

人们还发现,含羞草的这种运动在傍晚时对刺激最敏感,而在黎明破晓前对刺激几乎没有什么反应。

另外,含羞草的运动跟天气变化也有关系,若在干燥的晴天,含羞草的反应就灵敏,叶子稍经触动马上合拢,叶柄也会下垂;若遇阴天,空气潮湿,叶子对刺激的反应就不那么敏感了。根据这个特点,含羞草还可以用来预报晴雨天气。如果轻轻触动含羞草的小叶,发现叶片很快合拢,而且叶柄下垂,并且经过较长时间才恢复原状,你就可以发出"晴天"的预报。反之,假如触动它的小叶,反应失灵,叶片迟迟才能闭合,或者刚闭合又重新展开,你就可以发出"阴雨将到"的预报。

含羞草的叶子为什么对外界的刺激如此敏感呢?只要查查它的"出身"、"历史"就不难理解了。含羞草的原籍是在南美洲巴西,那儿地处热带,经常有猛烈的暴风雨,它是在跟暴风雨作斗争中成长和发展起来的。在长期的生存斗争中,含羞草形成了一种适应自然环境的特性,每当第一滴雨点袭来时,它的叶子就很快地合拢,而且叶柄都跟着下垂,起到了避免暴风雨侵袭的作用,这种有利于生长的特性,一代一代遗传下来,它们的子孙即使远离老家,移居他乡,也还保持着这种害羞的"禀性";另外,含羞草的运动也可以看作是一种自卫方式,动物稍一碰它,它就合拢叶子,动物也就不敢再吃它了。

含羞草对于音乐也是很敏感的。有人做过这样的试验,把含羞草分成两组,一组给它播放音乐,另一组作为对照,结果在同样条件下,"听"到音乐声的含羞草植株比"听"不到音乐的植株高 1.5 倍,而且叶子也长得茂盛。

含羞草在我国各地广为栽培,它全身可以入药,有安神镇静、散瘀止痛、止血收敛的功能。外用鲜叶切敷,可治疮痈肿毒。若治跌打损伤,则水煎加酒温洗。

女儿树

意大利自然科学家罗利斯,在尼日利亚丛林深处的印第安人居留地,发现一棵会怀孕分娩的树,它高约4米,茎长2厘米,茎的顶端竟长着一个"性器官"。这棵奇树没有花蕾,它的花朵都是从"性器官"中分娩出来的,就像动物繁殖后代一样。大树"分娩"后,鲜艳夺目的花开始萎缩枯干,变成黑色,树"性器官"也开始收缩。到12月份尼日利亚夏天到来时,才重新出现。大树结果也是在它的"性器官"内进行的,就像母亲的胎儿那样,生长期长达9个月。它的外壳呈灰色,革质,内有果肉和12颗核,成熟后就离开母体。种子没有生命力,不会发芽生长。罗利斯给这棵树命名为"妇女树"。罗利斯在热带森林里徒步跋涉了500公里,又发现两棵同类的"妇女树"。他把"妇女树"的照片和一些果实带回意大利,引起了植物学界强烈的反应。但这种树特异的生理机能,却至今仍然是个谜。

无独有偶,我国的神农架林区中的万富村,有一棵5米高的含羞树。这棵树在秋天的夜间开花,但不结果。它的怪异之处是,老人、儿童和妇女无论怎样看它,它都叶茂花艳,毫无变化;可是,当青年男子看它时,哪怕瞟它一眼,它便立即叶缩花萎,树枝下垂。当地人叫它"女儿树",树木为什么有这种使人不可想象的习性,还是一个谜。

古莲

提起莲子,人们并不陌生,但说到古莲子,恐怕知之者便不多了。

1923年,日本学者大贺一郎在我国辽宁新金县普兰店一带进行调查时,在距今500~2000年的泥炭层中采到了一些古莲子,并培育使其发了芽。

1952年,北京植物园的科研人员在辽宁新金附近的孢子屯,一个干枯的池塘里挖掘出一些古莲子,并使这些莲子发了芽,第3年这些古莲还开了花,结了丰硕的果实。1974年,科研人员又对在库房的布袋内放了22年之久的古莲子进行发芽试验,4天后,发芽率竟达到了96%。

1975年,大连自然博物馆的科技工作者在新金县孢子乡附近的灰褐色泥炭中,再一次采集到了古莲子。1985年5月初由大连市劳动公园植物园进行培育试验,经过3个月的精心培育,于8月中下旬开花。

1995年,美国洛杉矶加州大学研究人员,在大连普兰店莲花泡发现了一颗具有1200年历史的

莲子发芽,该大学植物生理学家简·舍恩米勒描述说:"这颗沉睡了1000多年的莲子经过4天的培育之后,就像现代莲子一样出芽了。"

莲是一种古老的植物。古莲子开的花与现代荷花就其植株外貌来说区别不大,但就古莲子与现代莲子本身比较,却有以下明显的不同:古莲子个体小而轻,外表光滑黑亮,无花柱残存,含水量低,吸水速度快,吸水率高,发芽速度快。

从莲的构造看,它虽属于双叶植物,却具有古老植物中单子叶植物的形态特性。通常双子叶植物的实生苗的子叶是对生的,很少是互生,而莲子内的两枚子叶则呈互生排列,且茎部合生。双子叶植物茎内的维管束为环状排列,而莲则像单子叶植物那样分散排列。莲的叶脉除一根返到叶夹者外,其余都是二歧式分枝叶脉,这又是一种原始性状。不仅如此,莲的实生苗还有自立的茎轴和未发育的主根,这是曾在陆地上生活过的植物,为了适应水生环境,才出现的形态变化。同时,水生植物的莲,还保持了陆生高等植物空中传粉的"要求"。这就证明了莲的祖先曾在陆地上生活过,后来为了适应水生环境的需要,某些器官产生了比较大的简化或退化(如根部的退化)。总之,莲所保持的原始陛状,在植物进化系统上具有很高的研究价值。有人曾把它和水杉相提并论,称之为"中国的两种绝妙植物"。

一般来讲,在常温条件下,植物种子的有效寿命为两三年左右,8年至15年左右就称为"长命种子"了。而莲子在地下埋藏了上千年后,仍能发芽生长,这确实值得研究。

古莲子寿命为什么达千年之久?这就有待于科学家去研究了。

古莲子胚细胞原生质逾千年而仍有生机,在条件适宜时,细胞还能分裂繁殖的事实,对于研究生物休眠、植物种的延续,以及物种起源等具有启示作用。

树木的自卫能力

美国东北部生长着大片橡树林。1981年,一种叫舞毒蛾的森林害虫大肆蔓延,把400万公顷橡树叶子啃食得精光。橡树林受到了严重危害。可是,1982年,当地的舞毒蛾却突然销声匿迹,橡树叶子郁郁葱葱,生机盎然。这使森林科学家们感到非常奇怪,因为舞毒蛾是一种极难扑灭的森林害虫,大面积虫害更难防治。而且,自从舞毒蛾为害以来,当地既没有派人捉虫,也没有施用杀虫药剂,舞毒蛾怎么会自行消失呢?通过分析橡树叶子化学成分的变化,科学家发现了一个惊人的秘密:在遭受舞毒蛾咬食之前,橡树叶子中含有单宁酸不多,而在咬食之后,叶子中单宁酸大量增加。单宁酸跟害虫胃里的蛋白质结合,使得叶子难以被害虫消化。吃了含大量单宁酸的橡树叶子,害虫浑身不舒服,变得食欲减退,行动呆滞,不是病死,就是被鸟类吃掉。依靠单宁酸这样奇妙的自卫武器,橡树林居然战胜了舞毒蛾。

无独有偶,在阿拉斯加,也发生过这样有趣的事。1970年,阿拉斯加原始森林中的野兔繁殖发展非常

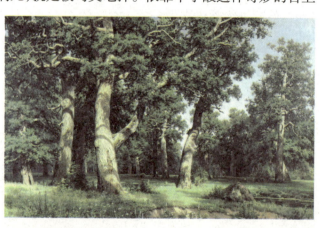

迅速。它们啃食植物嫩芽,破坏树木根系,严重威胁森林的存在。

眼看大量森林就要遭到毁灭,这时,野兔却突然集体生起病来,拉肚子的拉肚子,病死的病死,几个月之内,野兔数量急剧减少,最后在森林中消失了。野兔怎么会突然消失了呢?科学家发现,森林中所有被野兔咬过的树木,在它们新长出的芽、叶中,都产生一种叫萜烯的化学物质。就是这种物质使得野兔生病、死亡,最终离开了森林。

以上事实引起植物学家们的极大兴趣。我们知道,动物在受到攻击时会进行自卫。那么,植物在受到害虫、害兽侵袭时,能不能进行自卫呢?森林战胜了舞毒蛾和野兔,这能不能算是植物的自卫呢?

为了回答这些问题,英国植物学家厄金·豪克伊亚对白桦树林进行了大量观察研究。他发现,白桦树在被昆虫咬伤后,树叶中含有的酚会增加,这样,叶子对昆虫的营养价值就降低了。通常,酚类在叶子遭到昆虫咬食后的几小时到几天内就生成,这能抑制昆虫的进攻。这种酚的形成是暂时的,一旦害虫的威胁解除,叶子中的酚也会减少。如果白桦树经常受到昆虫侵袭,树叶中会产生一种长期抵抗昆虫的化学物质。别的有关科学家,也在枫树、柳树等其他植物叶子中,发现了树内酚醛、树脂等抵抗害虫的化学物质。根据这些研究,一部分植物学家相信,植物是有自卫能力的,它们在遭到昆虫或其他动物侵害时,能像动物一样,迅速作出自卫反应。通过体内的化学变化,产生出抵抗害虫的物质。

更令人惊奇的是,美国华盛顿大学戴维·罗兹还发现,当柳树受到毛虫咬食时,不但受到咬食的柳树会产生抵抗物质,而且 3 米以外没有受到咬食的相邻的柳树也会产生出抵抗物质。也就是说,植物还能"互通情报",集体自卫。美国达特默思学院的伊恩·鲍得温也发现,糖槭树受到昆虫袭击时,不但产生抵抗物质,而且还产生挥发性化学物质,通过空气向四处散发,像"防虫警报"一样,使周围的糖槭树也产生抵抗物

质,作好自卫准备。罗兹和鲍得温报道了这样奇妙的植物"集体自卫"现象,他们也认为,这是植物特殊的自卫现象,植物能够进行自卫,能够为自卫而进行化学通讯。

但是,有一些植物学家不同意植物能够自卫的说法。他们认为,自卫是有目的的反应,植物没有神经系统,没有意识,怎么能进行自卫呢?他们还指出,尽管人们发现了一些能产生抵抗物质的植物,但是种类并不多,还有许多植物并不表现这种所谓的"自卫"能力。

植物能不能自卫,这一争论引起众多植物学家、生态学家的注意。使研究者们困惑不解的是,植物没有感觉神经,没有意识,它们是怎么感知害虫的侵袭,又是如何调整体内化学反应,去合成一些对于自身生长代谢并无作用,却能使害虫望而生畏的化学物质?它们又是怎样散发和接受化学"警报",协调群体抵抗害虫的"行为"的?只有弄清这些植物生理学机理,才能最终解开植物自卫之谜。

葵花

葵花向太阳，这是人们司空见惯的现象。其实向太阳的岂止是葵花，几乎所有的植物都具有趋光性。这是什么道理呢？

最早对这一问题进行研究的是达尔文。他曾用草芦做过这样一次实验：把这种植物放在室内，就会很明显地发现，它的幼芽向有阳光的一面弯曲。如果让幼芽见不到阳光，或将顶芽切去一段，它就不再伸向有阳光的方向。植物为什么会这样？还没等达尔文把这一奥秘揭示出来，他便离开了人世，给人们留下了一个未解之谜。

后来，德国植物学家苏定经研究发现，植物的趋光与否，全是由幼苗的顶芽来决定的。他曾做过这样一个实验：把野麦幼苗的顶芽切去，它就不向光了；如果把顶芽接上，它就又奔向阳光。所以他断定，在顶芽里，一定有种指挥植物趋光的东西，可这种东西是什么呢？

原来起到这种作用的，是一种名叫吲哚乙酸的植物生长素。这是美国植物生理学家弗里茨·温特在1926年发现的。他让植物的芽鞘一面得到阳光的照射，一面得不到阳光的照射，发现芽鞘逐渐弯向了有阳光的一面。由此，他便从芽鞘里分离出了植物生长素——吲哚乙酸。经科学家的研究发现，这种化合物是怕见阳光的。所以，当阳光照射的时候，它便跑到了没有阳光的一面，结果促进了遮荫部分生长加快，受光部分则生长缓慢，由于重力的作用，植物便弯向了有阳光的一面。

也有人从不同角度来研究植物的趋光性。前些时候，美国得克萨斯州立大学的学者斯坦利·鲁，把植物的趋光性称为生长性运动，是由电荷引起的。他认为，在阳光的作用下，植物的生长点内发生了细胞的电极化，向阳面获得的是负电荷，背阴面则产生了正电荷。带有负电荷的植物生长素便向带正电荷的背阴面转移，结果促进了背光面的快速生长，便形成了向光弯曲。

美国俄亥俄州立大学的科学家迈克尔·埃文斯又提出了一种与众不同的观点，认为对植物的生长方向起着重要作用的是无机钙。植物的向光性弯曲，是因为胚芽里含有大量的无机钙所致。

关于植物的趋光性问题，科学家们还在继续探讨，做结论还为时尚早。这个谜一旦被彻底揭开，人们对植物的认识就会又跃上一个新台阶。

海水为什么会变红

一般来说,海洋是蓝色的。可是世界之大,无奇不有。世界上的海洋,除了蓝色的以外,你可曾知道还有黄色、棕褐色、绿色、白色以及红色的吗?海洋的颜色可真是色彩斑斓。海水所以呈现出不同的颜色,跟海水中的很多因素有关,如海水中的微粒、无机物、有机物以及海洋生物等。黄色的泥沙大量流落海洋,会使海水变成黄色。悬浮的软泥,混杂在海水里,使海水变成棕褐色。两极的海水,是淡棕绿色的。白海每年有 200 天左右被茫茫

的白冰所覆盖,呈现白色。在我国古代诗人李白的诗中,还有有关绿海的诗句。至于"红海",则是因为海水中大量的红海束毛藻繁殖造成的红色。

红海束毛藻属于蓝藻的一种。这种藻类的身体是许多藻丝聚集成的束状藻团,整个植物群体很细小,一般只有 3 毫米长,0.2~0.3 毫米宽。红海束毛藻在红海中大量繁殖时,漂浮在海面上。它们的群体容易死亡分解,藻体死后,海水由蓝变成粉红色,发出腥臭味,这就是所谓的赤潮。由于赤潮的出现,海面上飘满了粉红色的水团,远远看去,简直是

一片红色的海洋,这就是红海束毛藻为红海披上的鲜艳盛装。

红海束毛藻并非红海独有,在我国南海、东海沿岸也很常见。每年秋冬,它们大量繁殖,形成束毛藻赤潮,飘到岸边,严重时海水也被染成淡红色。由于赤潮来自太平洋东面,因此,福建沿海的渔民称它为"东洋水"。

赤潮的出现,常常给海中生活的动植物带来灾难。如果赤潮持续的时间较短,1~2天后即随风消失,危害还不大。倘若赶上海面无风,天气又闷又热,红海束毛藻就拼命地繁殖,赤潮延续的时间就会延长,严重时可达一个月之久。这种海藻大量繁殖之后,随之而来的是大批的死亡,死亡的藻体被分解,产生硫化氢等毒素,对海洋中的紫菜危害很大,海里的软体动物,如蛏、蛤之类会中毒而死。

植物寻找矿藏的功能

树木花草,不仅能够美化环境,使人赏心悦目,还能蓄水、调节气温、防止风沙,能起到净化空气、保持空气清新之效果。

树木花草还有一种鲜为人知的本领:它能帮助人们寻找埋藏在地下的矿藏。

前苏联地质学家在乌拉尔发现了一座铜矿,这座铜矿的发现并非地质工作者手中钻机的功劳,而是一种开蔚蓝色花的野玫瑰帮了他们的忙。研究土壤与

植物关系的专家们发现,蔚蓝色的玫瑰正是铜矿石给花朵染上的颜色。

目前,地质学家已经发现有多种植物能够帮助我们寻找矿藏。

镍会使所有的花瓣都变成红色。所以某些花卉如果颜色异常地转红,那它地下可能就存在镍矿;三叶矮灌木林能够证明土壤中有石膏;矮生的樱桃和刺扁桃之下可能有石灰石矿;有一种名叫忍冬的小丛树,

它往往喜欢和金矿银矿伴生在一起。在一种土壤上可以长得很高,而在另一种土壤中则又长得非常之矮,这说明这两种土壤中含硼量高低相差悬殊。如果土壤上生长一种开黄花的蛇袋子植物,那就可以肯定是地下藏有铜、铅和锌。因为这些植物的生长需要地下的金属,所以它是生长在有矿床的地区。

植物本身含有维持其生命所必需的矿物质。所以从植物的外表和成分中就可以帮助人们了解有些植物不能在含某种矿物质过多的土壤中生长。于是,有矿的地方这类植物就形成一片空地。地质学家可以根据这种异常现象找到矿藏。

芦苇、菖蒲、水芹、木贼、马莲、黄花、牛毛草、芨芨草、狐尾草、大叶杨和柳树等植物喜欢潮湿,它们生长的地面下一定有地下水,否则它们无法生存。

花粉也能帮助人们寻找矿藏。因为地下矿藏同样会通过花卉的根须进入花粉,人们发现,矿区附近的花粉中的矿物质含量为普通地区花粉含量的几十倍。